宇宙赋予我们生命并创造了世界万物

Le petit livre de l'univers
探索宇宙之奥秘

【法】 让- 吕克·罗贝尔- 艾斯尔 雅克·保罗 著
（Jean-Luc Robert-Esil） （Jacques Paul）

李 润 译

全国百佳图书出版单位

化学工业出版社

·北 京·

本书是富有知识性与趣味性的科学探索太空宇宙的启蒙读物，由法国巴黎七大天体粒子与宇宙学实验室两位知名专家撰写。以问答的形式，将宇宙知识提炼为百余个问题，详细介绍了危险的小行星、怪异的黑洞、神秘的宇宙波、伽马射线爆发、大爆炸等相关知识。书中还附有精美的插图，科学的佐证，名人轶事，历史典故。

图书在版编目（CIP）数据

探索宇宙之奥秘/【法】罗贝尔－艾斯尔（Robert-Esil, J.），【法】保罗（Paul, J.）著；李润译.—北京：化学工业出版社，2016.4
 ISBN 978-7-122-26285-1

Ⅰ.①探… Ⅱ.①罗… ②保… ③李… Ⅲ.①宇宙－普及读物
Ⅳ.①P159-49

中国版本图书馆 CIP 数据核字（2016）第 027870 号

Le petit livre de l'univers-Astéroïdes funestes, trous noirs étranges et ondes mystérieuses / by Jean-Luc Robert-Esil et Jacques Paul

ISBN 978-2-10-071419-3

Copyright © Dunod，Paris，2014

Simplified Chinese language translation rights arranged through Divas International, Paris. 巴黎迪法国际版权代理 www.divas-books.com

本书中文简体字版由 Dunod éditeur S. A 授权化学工业出版社独家出版发行。

未经许可，不得以任何方式复制或抄袭本书的任何部分。

北京市版权局著作权合同登记号：01-2015-4584

责任编辑：李晓红　　　　　　　　　　装帧设计：尹琳琳
责任校对：宋　夏

出版发行：化学工业出版社（北京市东城区青年湖南街 13 号　邮政编码 100011）
印　　装：三河市延风印装有限公司
880mm×1230mm　1/32　印张 6¾　字数 156 千字　2016 年 5 月北京第 1 版第 1 次印刷

购书咨询：010-64518888（传真：010-64519686）　　售后服务：010-64518899
网　　址：http://www.cip.com.cn
凡购买本书，如有缺损质量问题，本社销售中心负责调换。

定　　价：29.80 元　　　　　　　　　　　　　　　　版权所有　违者必究

前言

关于宇宙，我们都知道些什么？"维基百科"告诉我们，宇宙，就是现实存在的一切所构成的统一体……这种解释对我们来说毫无意义。不过，或早或晚，宇宙都会出现在我们的日常生活之中，就像在2014年3月，美国科学家宣布侦测到了预示着宇宙诞生的"大爆炸"的首次震动，令媒体界为之大为轰动。

自从我们能够追溯人类历史，我们就知道这几乎是人类与生俱来的一种渴望，我们要更多了解这广袤无边的一切，去认识从创造我们本身的物质开始而创造了万物的宇宙。而欲揭示这些宇宙的奥秘，只能求助于天文学的研究。这门科学可以运用具有超观察强能力的电子眼探索太空，正如丰特奈尔（Fontenelle, Bernard le Bovier de, 1657—1757，法国科学作家。主要著作有《关于宇宙多样性的对话》）所说，把宇宙变成了"如同剧院里上演的一场大戏"。

可是看看最近有关宇宙方面的新闻，却又让人无法淡定！近一个世纪以来，天文学家们鼓吹说，宇宙的一切在他们看来无非是一些原子。随后他们又告诉我们，人类并非号称万物中心，既非在空间上（哥白尼早就告诉我们这一点），也非在物质上：

科学家宣称，宇宙的原子组成毫无意义，从而终结了原子时代。因为他们告诉我们，宇宙中95%的成分其属性仍未为认知。

为了了解宇宙，弄清真相，我们在此为您提出了一百个问题，这些问题涉及宇宙的方方面面，所涉猎的宇宙现象远近兼顾，难易兼容。这本书特别要——但也不仅仅——写给这样一些人：他们真心相信外星人确实是一种科学现象，这些"小绿人"就生活在我们中间；或者认为土星的光环是一条环形大道……我们希望这本书中的答案能够给他们提供一些知识，让他们纠正自己的错误认识。不过要是还有人想去找小绿人，拜托请马上联系我们……

有些人会说自己视力较弱，还要配戴眼镜，等等。不过这些借口毫无意义。因为即使在许多"视而不见"的领域，也有很多能观察到的现象，可以满足人们的各种要求。 在宇宙射线雨中，各种天体释放着红外线、X射线、伽马射线等等，让我们无从选择……

另外，我们有时还必须进行认真的研究，才能辨别真假。对于某些现象，比如可谓是真正的宇宙奇观的引力透镜效应，必须承认，我们并没有看到自以为看到了的东西。但别担心，我们不会把你带进黑洞深处，不过如果你一旦靠它太近，我们也很乐于把你即将会遇到的事情讲给你听……

目录

第五章　我们的星系，银河系 / 80

第六章　布满星系的宇宙 / 105

第七章　宇宙的最初时期 / 127

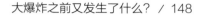

第十章　宇宙的重重危险 / 184

第一章
几种很有用的工具

🔍 天文学上用什么样的尺度测量距离？

随着我们感兴趣的宇宙事物越来越遥远，最为困难的事情就是如何判定它们的距离。尽管天文学对太空中的天体位置的定位越来越精确，但在测量距离方面仍然只是估算……

当我们在摆弄那些天文数字时（不管是实在的数字还是比喻说法），如果还是使用"十进制"写法，就会发现这些数字太长，没办法写下来。我们只好选择放弃这种写法，就像把你的计算器调整到"科学算法"那样，来使用 10 的幂数。只写 10^{13} 和 10^{-13} 就比写 10 000 000 000 000 和 1/10 000 000 000 000 省了不少地方。

我们日常使用的距离度量单位是千米（公里），这个长度单位也适用于地球到月球的距离。超过这个距离，就必须要找到能清楚地描述无尽的太空距离的

天文单位

开始被定义为地球公转轨道半长轴的长度，1976 年，天文单位被定义为"一颗质量可忽略、公转轨道不受干扰而且公转周期为 365.2568983 天的粒子到太阳的距离"，准确地说就是 149 597 870.700 千米，误差仅 3 米！

其他长度单位。

　　起初人们使用地球环绕太阳轨道的圆周半径作为参考单位，即天文单位（英文简写为 AU），但是一旦离开太阳系，天文单位这个长度单位很快便不再适用，例如最近的一颗恒星——比邻星，距离我们有 270000 天文单位（约 4×10^{13} 公里）。于是人们决定用光年（英文简写为 ly）来描述更遥远的星际之间的距离，光年即光在完全无重力场的真空中一年所走过的距离。光在真空中的速度为每秒 299792.458 公里，1 光年即为 9461 亿公里，即 9.461×10^{12} 公里。

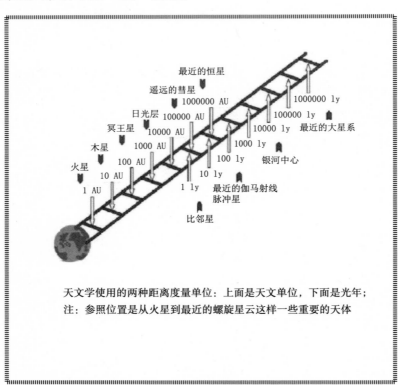

天文学使用的两种距离度量单位：上面是天文单位，下面是光年；
注：参照位置是从火星到最近的螺旋星云这样一些重要的天体

在遥远的星系之间，与其使用动辄数十亿光年来描述空间距离，天文学家和天文物理学家则更倾向于使用红移，即他们在观察遥远天体时看到的天体向光谱里波长最长的红光方向所发生的移动。

是什么在传递宇宙信息？

与建立在实践与实验分析基础之上的几乎所有物理学科不同，天文学是一门观测科学，它主要依靠观测和研究星体的光线——也可以说是电磁波，这样听起来更奇妙。

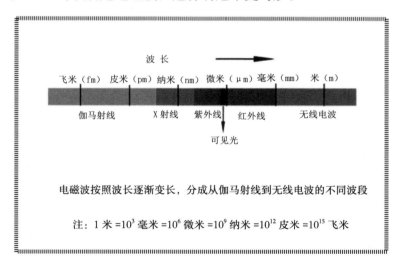

电磁波按照波长逐渐变长，分成从伽马射线到无线电波的不同波段

注：1 米 =10^3 毫米 =10^6 微米 =10^9 纳米 =10^{12} 皮米 =10^{15} 飞米

今天，天文学家还有更多获取宇宙信息的手段，来发展和完善他们的研究。他们已经开始采集中微子和引力波，来探测那些目前还仅靠研究电磁波而发现的某些太空区域。

　　天空还有向我们提供信息的其他手段，但这些都难以触及，如宇宙射线和陨星。宇宙射线提供了这些射线在加速穿过某些地点及通过某些空间的一些宝贵线索。陨星则构成了一座不可取代的信息宝库，尽管它只适于研究太阳系。当然还有一些通过一系列星际飞行进行的探测研究所获得的信息。

　　直到 20 世纪中期，天文学家们才根据电磁波获得了唯一的一幅有限的天空图景，这一小段波谱图很像眼睛的视网膜能感觉到的那部分光线。天文学家对这一小部分光谱带的兴趣只集中在其中的那些活跃星体，即在他们的观测范围里排除了那些在可见光波段里不发光、但却在其他波长区域产生强光的星体。该情形刚好是与太阳温度有很大不同的所有环境，因为太阳的光照已经被我们的眼睛所接受，而其他环境则温度较低，如一些星云，或者温度更热，如环绕黑洞的盘状物质。

　　天文学家通过使用基于第二次世界大战期间研制的雷达原理的技术方法，在无线电波的波谱段进行观测之后，最后的人类中心主义学说终于在 20 世纪 40 年代末崩溃瓦解了。但是大气层这层不透明的屏障仍然阻挡了大部分射线的穿透。在地球上进行天文学研究，只能延伸到靠近波长较大的一侧的那几段可见光谱段。

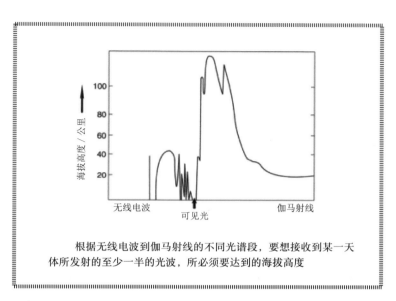

根据无线电波到伽马射线的不同光谱段，要想接收到某一天体所发射的至少一半的光波，所必须要达到的海拔高度

由 1957 年 10 月发射第一颗人造卫星而引发，直到 1980 年年底结束的美国和苏联之间的太空竞赛，致使太空技术得到突飞猛进的发展。天文学家们也借此机会把各种相应的仪器送到大气层之外，用来研究范围更广的各种射线。随之而建的地面和太空观测站，从短波长的无线电波到更加强大的伽马射线，进一步完善了对宇宙的观测。至此，天文学发生了翻天覆地的变化，比当年伽利略对着天空架起望远镜更蔚为壮观。

折射望远镜还是反射望远镜？

在观测可见的天空区域时，天文学家所使用的仪器都是基于同一原理：一只口径尽可能大的光学镜头，可以接受并聚焦天体的光线，并通过另一件装置结成影像以便进行仔细观察。天文爱好者可以仅用眼睛通过一组透镜来观测天象，就像用放大镜一样。而天文研究者则要考虑到如何记录图像，还需要使用所有各种对光线敏感的材料。过去使用的是照片底片，现在都是类似数码相机上使用的极为敏感的电子仪器。

在英文里，都是用同一个词"telescope"（望远镜）来形容天文学使用的各种装置。而法国人喜欢追求精确的字眼，要区分普通望远镜和反射望远镜的差别，这很有道理！而实际上从其各自的功能和用途来看，它们确实是完全不同的仪器。普通的天文望远镜其镜头装置是一组透镜，物镜是一片单一的凸透镜。而反射望远镜里面是一片主反射镜，再附加一片较小的副反射镜，把影像传到主镜的视界后面。为了不再计较语言用词问题，今后习惯上只用"望远镜"一词来描述天文学上使用的观测仪器，不管它的光学结构是否由凹面反射镜构成。

天文望远镜在 16 世纪末来自意大利或荷兰，我们不清楚它的发明者是谁；它只不过就是水手使用的那种望远镜。直到 1609 年，首次由伽利略把它作为天文观测的仪器。而反射望远镜则要归功于英国的数学家兼物理学家牛顿，是他在 1671 年亲手造出了第一台可供使用的望远镜。

艾萨克·牛顿爵士

　　人们常说，牛顿发现万有引力定律是源于一个苹果的坠落。但不管怎样，牛顿确实因这条定律而闻名于世："一切物体之间的相互引力与它们的质量成正比，并且与物体之间的距离平方成反比。"他还以其光学理论闻名于光学及天文学领域，通过借鉴法国神学家兼科学家马林·梅森[1]和苏格兰数学家兼天文学家詹姆斯·格里高利[2]的研究成果制作了第一架反射望远镜。他的主要著作《自然哲学的数学原理》出版于1687年。牛顿也曾备受争议，与他在微积分方面产生争议的有德国人莱布尼茨，在光的属性方面发生争议的有荷兰人惠更斯，还有牛顿的同胞罗伯特·胡克也在万有引力方面与他发生过争议。不过人们对他对炼丹术的热衷不亚于对物理学的研究这一点则知之甚少……如果我们不注意他在炼丹术和物理学这两个方面的研究，就很难理解牛顿和他所处时代的科学环境，这种事情如果发生在21世纪的人身上同样会让人大跌眼镜！

　　[1] 马林·梅森（Marin Mersenne，1588—1648），17世纪法国著名数学家和修道士，主要成就有发现了后人以其名字命名的梅森素数，是前100位在世界科学史上有重要地位的科学家之一，他和其他科学家组织的民间学术组是法兰西学院的前身。
　　[2] 詹姆斯·格里高利（James Gregory，1638年11月—1675年10月），苏格兰数学家、天文学家。曾在1663年设想制造一种反射望远镜，被称作"格里望远镜"。

普通天文望远镜和反射望远镜，可以让我们看到那些有一定宽阔视角的天体的放大形状（如一些行星和星系），而恒星看起来仍然是一些亮点。但是望远镜的开口越大，即它的镜头口径越大，越能让我们看到更多前所未见的新星体。另外一个重要特性是分辨力，即望远镜所能分辨出最小细节的能力。

为了增强一架望远镜的分辨力，从理论上讲，只要把镜头口径加大就行了，但在实践中，由于受到大气层的干扰，获得的改善效果有限。要解决这种困扰，有两种可行的办法：应用调试光学方式对大气干扰进行补偿；再就是使用太空望远镜，它可以在地球大气之外进行观测活动。

但是，只要增大镜头的尺寸就能改善望远镜的敏感度，所以反射式望远镜最终取代了普通天文望远镜。其实安装大尺寸的透镜会遇到诸多难以克服的技术难题。因此像建于 1897 年的叶凯士天文台①大型折射式望远镜，它有一块创纪录的大口径物镜（102 厘米），而它的整体长度却长达二十多米！

体积庞大的天文望远镜

① 叶凯士天文台（Yerkes Observatory）位于美国威斯康星州威廉斯湾，隶属芝加哥大学，于 1897 年由乔治·埃勒里·海耳创立，由当时的企业家查尔斯·耶基斯（Charles T. Yerkes）资助，它有由光学大师克拉克（Alvan Clark）建造的一枝 40 英寸口径的折射望远镜，迄今为止仍为世界上口径最大的折射望远镜。

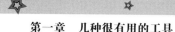

随着人们与日俱增的希望观测更加遥远空间的需求，促使天文学家转向反射式望远镜。这个转变过程的例证就是在1918年于美国威尔逊山天文台投入使用的大型胡克望远镜。这架具有硕大镜面（直径254厘米）的望远镜令这些大型望远镜声名显赫，因为哈勃正是用它发现了宇宙的膨胀现象。

折射望远镜还是反射望远镜？

很多天文学家都希望一眼就能观测到最广阔的天空景象。对于多数折射望远镜而言，为了避免影像产生太多畸变，镜头都由许多片透镜组成，否则就得在镜头直径十几倍远的距离观看形成的影像，这就是适合一般业余新手使用的天文望远镜。而且镜头的镜片玻璃须非常均质，这对直径大于1米的透镜而言，绝非易事。而反射式望远镜使用一片反射镜面作为镜头，同样的口径条件下体积更为紧凑，因此在机械方面所受限制更少。这种望远镜还有更多优势，在整个光谱范围内，从无线电波到不太强烈的X射线的观测，都可以使用。

现在，天文学家都转而热衷于使用那些能够"观测"到电磁波光谱中其他部分的观测仪器，也就是要建造那些能够接收非光学方式，只由宇宙射线、中微子或者引力波所传递的信息的"望远镜"。

宇宙中的基本力都有哪些?

　　宇宙中的 4 种基本相互作用（或者简称为力）能够解释已知的全部物理、化学及生物过程。按照强度级别，若强相互作用力为 1，则电磁相互作用力为 10^{-2}，弱相互作用力为 10^{-5}，万有引力为 10^{-39}。

　　电磁力和万有引力在人们能够想象的空间中发生作用，而强相互作用力和弱相互作用力则局限于原子核内部。诠释万有引力的理论是广义相对论，探讨其他三种力的理论则是粒子物理学的标准模型理论。

强相互作用

　　这种力只作用于夸克，它是一种基本粒子，可以形成质子和中子，质子和中子又构成原子核。这种力可以克服质子间的电磁排斥力，把带电荷的质子联系起来。如果没有这种力，那么宇宙将只是一团粒子云雾。

电磁相互作用

　　这种力即是在一切带电荷物体间所产生的吸引力或者排斥力。两个带有相同电荷的物体会相互排斥，带有相反电荷的物体则相互吸引，即所谓的同性相斥，异性相吸。电磁力可以通过把带负电荷的电子与带正电荷的原子核紧密联系起来，以保证原子间的聚合力。这种紧密联系也让原子结合成分子。电磁相互作用让化学反应成为可能，从而能够解释生物学理论。其实这种相互作用起源于电磁波，也就是从无线电波到伽马射线这些电磁波，其中包括可见光。电磁相互作用构成了从手电筒到 X 光成像、从指南针到电视等几乎所有日常生活的基础。

弱相互作用

这种力作用于包括中子在内的所有粒子。它可造成 β+ 衰变（质子向中子转变时释放出一个正电子和一个中微子），引起核子反应，这就是太阳及恒星的能量来源。

引力相互作用

它是在所有具有质量（也是能量）的物体之间产生的相互吸引力，但只能在物体体积极其巨大时才能观察到。引力相互作用是造成地球重力、潮汐及行星运行的原因所在。

第二章
地球和它的两个发光天体：太阳和月亮

🔍 怎样测量地球的大小？

直至公元前 7 世纪，在希腊科学和哲学这两种密不可分的学科问世后，才真正出现了涉及我们地球的地志学问题，而且是作为一个科学问题，尽管这些思想还仅仅局限于一小部分人……过去最普遍的观点是认为地球是平的，至少对于那些心中只有地球的概念，认为地球就是一个整体或者全部的人来说是这样的。

这种有关形状的问题，很快就发展到要进行尺寸上的推理。这就涉及测量，而测量就必须要有"工具"，也就是一种数学工具，即几何学。法语几何学的词源即可证明这一点：géométrie 实际上源于 2 个希腊语词根——gê（地球的）和 métron（测量）。所以几何学最初就是测量大地的科学。

但是该怎样做？首先要有一种能够计算远方物体距离的方法。人们把这种测量方法归功于泰勒斯，例如他测量轮船距离的方法。

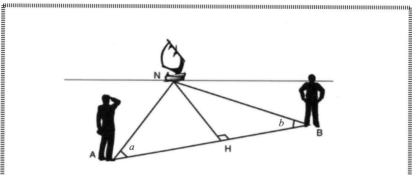

　　A 和 B 两人站在岸上瞄准一艘船 N，他们在岸边的两个位置测量出角度 a(∠NAB) 和角度 b(∠NBA)，在测量出两人所在位置 A、B 之间的距离之后，即可得到三角形 ANB，随后可计算出该三角形的高 NH，即为想求出的距离

　　在通过仅测量一条底边和两个角来计算远处物体的距离之后，现在再来测量高度……先来看一个简单的问题：如果没有其他工具，仅靠太阳和你的身体，以及泰勒斯的相似三角形对应边成比例的定理，你能计算出吉萨大金字塔或胡夫金字塔的高度吗？

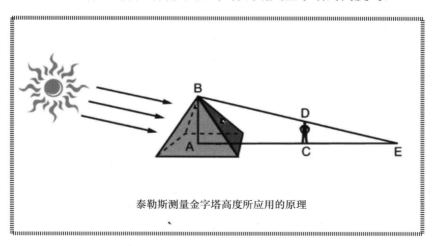

泰勒斯测量金字塔高度所应用的原理

如图中所示，为了测量高度，泰勒斯站在金字塔附近的位置，并使他投射到地面的身影的端点与金字塔的阴影端点在 E 处重合。通过使用今天以他的名字命名的定理，泰勒斯发现他的身高与他的身影之间的比例，恰好等于金字塔的高度与它的影子之间的比例，即：AB/CD = AE/CE。同理，由此得出：AB =（AE×CD）/CE。而我们古代的英雄，是使用他自己的身高为单位，即 CD 的长度，后人称为泰勒斯长度单位。如果已知 CD = 1 泰勒斯长度，测量出 AE 和 CE 之间的距离是泰勒斯长度的几倍，那么确定金字塔的高度 AB 是多少泰勒斯就成了幼儿园的算术题了。

米利都的泰勒斯

　　约公元前 630 年生于小亚细亚（今土耳其）。他作为数学家、哲学家和政治家，尤其是天文学家，是古希腊七贤之一。泰勒斯首次前往埃及时，曾应用今天以他的名字命名的定理测量出了胡夫大金字塔的高度。补充一下，著名的泰勒斯定理在他之前早已被巴比伦人所知。有传说认为泰勒斯因为善观天象而致富。他曾预料到橄榄会有大丰收，便以低价租赁了大批榨油机……然后再转租出去，获利不菲。泰勒斯由此证明，人们依靠科学和哲学也可以致富！

地球有多大？

　　以他的名字命名的著名定理而闻名于世的毕达哥拉斯，是肯定地球是圆的第一人。在公元前 4 世纪，古希腊的希拉克利德首先提出地球自转，以解释整个天球的运行，即周日运动。所以人们开始假设地球是一个球体，但直到公元前 3 世纪才由厄拉多塞内斯首次计算出地球的周长。

毕达哥拉斯

　　大约公元前570年生于萨摩斯岛。传说他在参加奥林匹克运动会取得古拳击比赛胜利后，便前往古希腊的莱斯沃斯岛、黎巴嫩的西顿、埃及的孟菲斯和底比斯、巴比伦、克里特，然后到达色雷斯和德尔菲，之后在大希腊的克罗托内（现意大利南部）建立了一个学术团体。他在那里研究并教授数学、音乐和哲学，并研究另外一种学问，永生和灵魂转世、托生及再生方法。他的社团介于邪教与宗教之间，但社团内部共享财产和科学知识。这种毕达哥拉斯学　派人士也参与政治活动，支持克罗托内的专制制度（现在称之为开明专制），最终引发一场民众骚乱，在此过程中毕达哥拉斯的社团也土崩瓦解了。像许多重要历史人物一样，毕达哥拉斯在他的时代及之后都产生过持久的影响，他没有著作传世，他的学说只是通过他的弟子广为流传。

厄拉多塞内斯使用纯几何学方法计算出了地球的圆周长度。他知道在6月21日夏至那一天，正午的太阳在空中的位置位于最高点。他还知道，在那一天，在位于北回归线上的赛伊城（今天的埃及阿斯旺）的某一口井中不会出现阴影。他推断出那时的太阳恰好与当地垂直，因为阳光能直射到井底。在当天的同一时间，还发现在亚历山大城的一座方尖碑会向地面投射阴影，即太阳不是垂直的……厄拉多塞内斯用了点三角几何学方法，就推算出阳光与垂直线之间的夹角为7.2度。

假设太阳距离很遥远，厄拉多塞内斯可以认为太阳照到地球的光线都是平行线，只有地球的球体造成了赛伊城未见倾斜的阳光与他在亚历山大城观测的阳光所出现的倾斜差异。于是，作为假设地球为球体的先人之一，厄拉多塞内斯便计算出了地球的圆周长度。当然他还需要知道赛伊城到亚历山大城之间的距离……

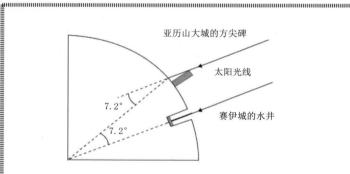

这个与厄拉多塞内斯画的图相似的四分之一圆中，表示赛伊城到亚历山大城之间的距离为5000斯塔德（古埃及长度单位，1斯塔德=157.5米）的圆弧对应的圆心角为7.2度。已知360/7.2=50，厄拉多塞内斯算出共需要50段这样的圆弧才能形成一个完整的圆，他因此得出结论，地球的周长就是5000斯塔德的50倍，即250000斯塔德。

厄拉多塞内斯为了进行估算，聘请了一位丈量师，这种古埃及的土地丈量师的任务是按照所走的步数来计算距离。他根据骆驼走过 2 座城市的天数时间，得到的结果是 5000 斯塔德，这是奥林匹亚或德尔菲体育场所使用的长度单位，约等于 157.5 米。厄拉多塞内斯在得知这个测量数据后，便在他的蜡板上画了几个几何图案，推论出地球的周长是 250000 斯塔德，即 39375 公里。对于那个时代来说，这个结果是令人惊奇的，因为现在最精确的测量结果是 40075.02 公里（赤道位置）！

厄拉多塞内斯

　　他身兼数学家、历史学家、地理学家和几何学家，并于公元前 240 年应法老托勒密三世之邀就任亚历山大城图书馆馆长。根据传说，他在 70 岁以后失明，再也看不到星星，致使这位天文迷绝食而亡。作为一位天文学家，他曾编制日月食表和包括了 675 颗星的星图。他证明了赤道与黄道之间的偏角，并计算出了这个偏角的准确度数。他还发明了浑仪（一种由标有刻度的金属圈做成的天球模型），并建设了第一座天文观测台。他的成就还涉及海洋和陆地的分布、风、气候带以及山脉的高度。

　　人们认为"geographie"（地理）一词是厄拉多塞内斯创造的。这个词包含 2 个希腊语词根 gê（大地）和 graphein（描述）。

他根据这个词语的词源，描绘出一幅他的时代已知的居住适应地带 (ECOUMENE) 的地图。对于他和在他上个世纪的亚里士多德来说，居住适应地带就是在地球上唯一的海洋中的一座孤岛。4 个世纪后，托勒密在《地理学》中提出的居住适应地带地图，就是直接受到了厄拉多塞内斯研究成果的启发。

厄拉多塞内斯把地球分成 5 个平行的区域，即环绕赤道的热带区，极地的 2 个冰盖区，以及在极地和赤道之间的 2 个温带区。直到 8 世纪，即在亚里士多德 1600 多年之后，由于托马斯·阿奎纳带领教会接受亚里士多德学说，厄拉多塞内斯的地球是圆的观点，才被政治和宗教方面认可，即：地球是圆的，但认为地球是静止不动的，而且位于宇宙的中心。

地球距离月球有多远？

在公元前 3 世纪，压力山大学派的天文学家萨摩斯的阿利斯塔克①首先估算出到太阳和月球的距离。这是可以用肉眼观察到直径外观的仅有的两个天体。他著有《论日月大小和距离》一书，书中提出了 18 个几何命题，并提出 10 个可称之为公理的"假说"，如：月亮受到太阳光照，月食期间月亮穿过地球阴影的宽度等于两个月球，月球的视直径是一个黄道带星座宽度的 1/15（即 2 度）。

①阿利斯塔克（Aristarchus），公元前 315 年—公元前 230 年生于古希腊萨摩斯。古希腊著名天文学家，历史上最早提出日心说，最早测定太阳和月球对地球距离的近似比值。

尽管阿里斯塔克所计算的到太阳和月亮距离的方法令人折服，但计算结果只是近似值。他观测到月亮在约一小时移动了和它直径相当的距离，而一次月食持续时间大约是 2 小时，且在这2 小时期间月亮始终在地球的阴影之中。因此可以认为地球的直径是月球的 3 倍。

当他估算月球的视直径是 2 度之后，便推算出地球到月球的距离是"月球直径"的 28 倍。不幸的是，他的计算结果是一个严重错误，因为我们观察月亮的角度实际上是 0.5 度，也就是说月亮离我们远得多……在一个世纪之后，喜帕恰斯（依巴谷）算出了更为精确的结果。

喜帕恰斯

　　埃尔热和他的连环画《丁丁历险记》中的向日葵教授让这位古代天文学家为世人所知，在《月球探险》中，教授提到过希帕克斯（即喜帕恰斯）火山口。这位天文学家出生于约公元前 190 年的比提尼亚的尼西亚（现土耳其的西北部），据说公元前 120 年故于罗德岛。他是最重要的古代天文学家之一。尤其是他通过应用巴比伦的迦勒底天文学家前几个世纪的观测和记录的数据，成为首位以精确的模型形式阐述月球和太阳运动的古希腊人。喜帕恰斯还利用巴比伦人的另一项知识遗产，通过把圆分成 360 等分，创立了三角学。他首次制订了三角函数表，用它来解出所有关于三角形的问题。凭借这些表和他对月球和太阳的知识，喜帕恰斯无疑是首位建立准确可靠的日食模型的人。他还发现了岁差，制

订了首部已知恒星的星表之一，据称他还发明了星盘。他著有 20 多部著作，但流传至今的只剩下一部，即给索里的阿拉托斯的诗歌所做的评论，其主题也是有关通俗天文学的。对于他的生平和著作仍然众说纷纭……

地球距离太阳有多远？

为了估算地球到太阳之间的距离，萨摩斯的阿利斯塔克在一个上弦月夜观察月亮，此时地球—月球—太阳之间的角度应为直角。在测量太阳—地球—月球之间的角度时，阿利斯塔克发现了这个几乎是直角的夹角。这便让他推算出地球到太阳之间的距离，大约比地球到月球的距离大 19 倍。可惜他的这个计算结果仍有很大的误差，因为他所测量的太阳—地球—月球之间的角度并不精确。实际上，地球到太阳之间的距离是地球到月球距离的 20 倍。

尽管他的计算结果有误，阿利斯塔克仍然据此建立起首个日心说体系。太阳的视直径几乎和月球相同，他以此推断，太阳的实际直径应为月球直径的 18 倍（实际上是 400 倍）。阿利斯塔克根据这个结果对地心说提出了质疑。他推断小星体应该围绕大星体旋转，于是他把太阳置于世界的中心位置，提出了地球自转并围绕太阳旋转这两种相互结合的运动形式。根据这个假设，人们可以在一年的不同季节以不同角度观察到星辰的现象就合乎逻辑了。阿利斯塔克断定这种角度的差异（即视差）确实存在，但是由于我们距离星星太远，所以对此难以观察得到。他是对的！今天也正是利用这种视差，来计算星辰之间的距离的……

于是，直到 17 世纪出现重大科学进步之后，地球到太阳的距离，才成为天文学单位。伽利略首先提出应用行星凌日的办法来计算到太阳的距离。这种办法基于观察金星凌日的过程，但观察比较困难，因为凌日现象比较罕见，而且金星和地球轨道并不在同一平面。直到 18 世纪，法国天文学家拉朗德根据英国天文学家埃德蒙·哈雷建议，应用这种方法计算出这一天文单位为 153000000 公里，与 1 个天文单位的数值 149597870.7 公里相当接近！

🔍什么是月食或日食？

日食和月食是由于太阳、月亮和地球处于同一直线时发生的。当地球处于太阳和月亮之间，就会发生月食，而当月亮处于太阳和地球之间时就会发生日食。由于太阳和月亮的视直径很相近，所以在发生日全食时，月亮会完全遮挡住太阳。

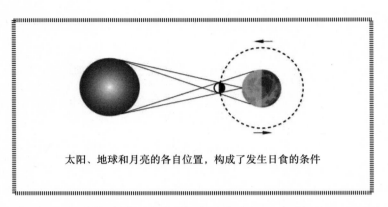

太阳、地球和月亮的各自位置，构成了发生日食的条件

　　如果月亮环绕地球运行与地球环绕太阳运行处于同一平面，那么在每次新月出现时就会发生一次日食。但是由于月球轨道平面相对于地球轨道平面是倾斜的，所以只有在月球与这个因此原因被称为黄道面的地球轨道平面相切时，才能引发日食。而且，月亮同时还要与太阳位于同一直线上，这种现象每年能发生2次到7次。日食并不总是日全食，由于地球与太阳之间、地球与月亮之间的距离变化，有时会出现月环食。

地球的年龄有多大？

　　直到18世纪，人们还认为地球是由一个火球逐渐凝固，直至变成我们今天居住的温度适宜的行星。恰好那时法国的博物学家乔治－路易·布封伯爵，准备在熔炉里焚烧由金属、黏土和岩石混合而成的圆球，以此来测算这些东西的冷却时间。布封根据他的实验小球的尺寸与地球体积的比例，估算出我们所在星球的年龄是75000年。这个数字颠覆了当时人们的信仰，也就是教

会根据圣经的内容所认定的地球有 6000 年的年龄……

但是布封认为他低估了地球的真实年龄，他更倾向于地球的年龄大约在 300 万年。考虑到一旦将此公布于众，他与教会之间所出现的种种风险，布封只能将这个想法秘而不宣。而在当时还有一些问题，就是在山区发现的那些化石。那里有着与"官方的"地球历史并不相符的留在石头中的痕迹或者骨骼遗骸……

直到 19 世纪末，随着地质学的进步，人们估算地球的年龄为数亿年之久。地质学 geologie 一词也是两个由希腊语词根 gê（大地）和 logía（研究）组成的新生词汇。不过这个估算的地球年龄仍然差得远。自 1950 年以来，由于物理学和古生物学研究的进展，使得我们对地球的最古老年代的年代测定越来越准确，尤其是使用天然放射性来进行的地质年代测定法。于是尽管并非很情愿，人们还是把地球以及太阳系的年龄从几百万年推到几十亿年之久：对陨星和阿波罗飞船带回的月球岩石标本的分析，可以推断出的年代超过 45 亿年……

现在，地球的年龄问题已经成为一个相对的共识，人们的争论则更多围绕地球编年史中的某些阶段的年代测定。在地球围绕太阳运行的轨迹上，地球始终与相当多的小型天体碎片相遇，这其中有些是来自于太阳系中最为古老的天体。这些碎块中的大部分都已经在高空解体，甚至在到达地面之前就已经消失，这就是"流星"。大一些的碎片能够到达地面，这些就是陨石。只要这些陨石足够大，便可给我们提供一个机会：假设能够让人信服这些陨星与地球形成的时间相同，那么对于其中某些陨石的年代测定，就可以让我们给地球确定一个准确的年龄：45.5 亿年。

太阳系是怎样形成的？

来看一下气体云，它是由大量的氢、少量的氦和极少的其他各种元素组成的。在所有星系中存在着大量的气体云。我们随后会详细谈到大爆炸遗留下来氢和氦，谈到由恒星所形成的其他元素。

像在太空任何地方一样，引力作用也在气体云之中控制着一切。突然之间，因为某种人们还不能解释清楚的原因，一小块气体云发生了自我坍缩。或许是因为邻近的一颗恒星的爆炸（超新星爆发）？抑或是因为有密度波（星系旋臂）扫过？这一片星云的密度变得越大，它便愈加吸引周围的粒子。于是这个球体中心的压力以及温度随之升高。当压力与温度达到相当高的那一刻，就会引发热核反应，从而导致氢聚变。

这便释放出极大的能量，随之而来的还有大量的光辐射，于是太阳诞生了。当然这还需等待数千万年，直至核聚变所发生的热核反应趋于稳定，太阳开始进入像今天这样的运行状态，太阳会以 4 个氢原子与 4 个氢原子进行聚变而生成氦核，继续保持这种状态数十亿年。

另外，氦原子的质量比 4 个氢原子的质量小一些。当然，根据著名的质能公式 $E=mc^2$，尽管质量的差异很小，但释放的能量还是蛮大的。即使你对各种公式不甚了解，但这个公式你肯定熟悉。它说明了物体的质量 m 与它的能量 E 之间的等式关系。没有任何其他的公式比 $E=mc^2$ 这条著名公式更为人所知，它无疑是爱因斯坦最具象征意义的成就。

最后要知道，一小块气体云在收缩成为一颗美丽的恒星之前，其周围会环绕着一个气体和尘埃的圆盘。当恒星中心点燃后，这个圆盘就会破碎成无数的小块，并再次相互聚合，形成更加庞大的天体结构……太阳就是这样位于一个由许多天体环绕它运行的星系（太阳系）中心，如同太阳一样，这些天体也是在数十亿年之前由气体云和尘埃的收缩而产生的。

🔍 月亮是从哪儿来的？

关于月球的起源曾经有过许多假说：如地球捕获了一颗较大的小行星；原始地球由于离心作用产生碎块；地球与它的这颗卫星是同时产生于环绕年轻的太阳的原行星盘中。

长期以来，这三种猜测先后被提出，但无一真正获得科学界的认同。后两种假说很快就被认定为很不靠谱，因为月球的轨道是倾斜的。再者，第二种说法要求地球的旋转速度极大，而第三种假说则不能够解释为什么月球的月核要比地核小许多。然而，第一种假说也不能令人满意，因为地球很难俘获如此巨大的天体并把它约束在一个固定的轨道上。

最近以来，对阿波罗飞船和苏联月球飞船取回的月球岩石样本分析表明，地表和月表的不同原子核含量非常相近。这就很难说明二者是各自单独形成的。因此，1975 年又出现了一种新的也更为复杂的、但比较令人满意的月球起源假说。这种理论的作者声称，在太阳系历史的最初阶段，地球与一颗像火星大小的行星胚胎相撞，从而导致大量物质喷射出来，这些物质迅速凝并构成月球。

这种假说可以解释地球和月球之间的共同点和差异，因此成为今天较为令人接受的理论。在发生碰撞期间，地球的大部分铁都集中于地核，而主要来自于地幔的喷出物含铁量较低，这就可以解释月球含铁量较低的原因。而它们都有含量相近的一些原子核，是因为有着共同起源。最后，这种非常偶然的碰撞，可以说明为什么地球是太阳系中唯一拥有如此巨大的卫星的内行星。

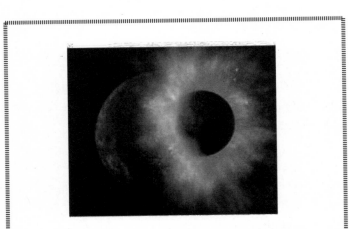

效果图：一颗与火星体积相同的行星胚胎撞击一颗地球大小的行星，并在其周围喷射出大量的汽化岩石物质
（© NASA/JPL-Caltech）

因此这一假说现在获得了科学领域最多人的认可。而近十几年来进行的数字模拟也正是这个模型。这次碰撞应该发生在太阳系形成不久之后不到 1 亿年的时候。

地球变暖是不可避免的吗？

目前太阳处于其生命演化一半的阶段。它将与 40 多亿年前一样，继续燃烧其内部的氢。根据仍然存在于太阳中心发生热核反应的氢的数量判断，其"燃料"耗尽还需要几十亿年。自从太阳正常运行以来，它一直都在发生缓慢的演变。你会认为我们只考虑到因为太阳的内核转换成能量，从而质量在缩小……确实是这样，但这点缩小实在微不足道：即使全部氢转化为氦，也只有 0.7%。与之相反，单位体积的粒子数量的快速减少，即需要 4 个氢原子核形成 1 个氦原子核，才会给太阳中心造成更为明显的影响。

显而易见，当可用的氢核都进行聚变后，太阳中心的活动粒子即减少了 4 倍之多。此时粒子密度变得越来越低，由于万有引力的作用，太阳核心逐步产生压力，于是中心温度徐徐上升，这使得聚变循环的效能更高，从而使得太阳的亮度逐渐加强。因为这种现象，太阳现在的亮度相比 40 亿年前要亮一些。

按照太阳活动增加的节奏，在今后的 10 亿年里，太阳释放的能量将增加 10%。地球表面的平均温度将上升约 50 摄氏度，使得海洋加速蒸发。随之产生的温室效应将会与金星类似。生命将不能在变成酷热荒漠的地球上延续下去。

太阳会消失吗？

在今后的 50 亿年，太阳中心的氢聚变仍可保证稳定地产生能量。在这之后，事情就会变得复杂了。太阳中心的氢会越来越少，而氦变得越来越多。由于缺乏原料，热核反应周期将逐步放缓。于是，几乎全部由氦构成的太阳中心在再次发热之前，将开始收缩。与此同时，热核反应将转移到太阳中心的外围，在此形成一个活跃的外壳，并逐步向外扩张，去寻找新的氢物质。

太阳核心的收缩所导致的温度上升，又将引发这个活跃外壳的核反应，因此造成的压力变大，太阳外表开始膨胀，亮度增强，日光由白变红，太阳将变成红巨星。红巨星——也就是太阳在 50 亿年之后的样子——在天空中最明亮的星体中占有重要地位，比如五车二，这是御夫座最亮的恒星，距太阳约 40 光年。

这一时期将持续大约 10 亿年。太阳将逐渐膨胀，达到现在太阳半径的十几倍。你能够很容易地想象出由此导致的灾难，这将彻底毁灭我们地球的脆弱环境，人类只能长久抛弃地球，移民到其他星系！

但是如果地球上还能剩下最后一批人类，那么这批最后的地球人将会高兴地欣赏到这颗红巨星的壮观景色，它将一直延伸到水星轨道，从地球上看到的它的光盘，可以扩展到大约 50 度。

在这个时期，由于太阳的收缩，氦核中心温度可达到几亿开尔文。正是在这样的温度下才会引发又一轮的核反应：氦聚变。这一轮的反应会突然爆发，这就是氦闪。氦闪将会持续大约几百年，直至反应活动稳定下来。由于太阳通过氦聚变又重新获得能量，日核将再次膨胀，而外壳开始收缩。

太阳将会变得更小，地球也不再那么热。再次出现了一个新的平静期间，如同日核的氢缓缓聚变的时代一样，但这个期间要更短暂。很快由于燃料短缺，在日核深处的氢聚变将会终止，而在太阳的外表，聚变还将在新的活跃外壳中持续一段时间，这个活跃的外壳又将致使太阳表面向外扩大。尽管此时日核突然发生聚变终止，但太阳仍再次开始无休止的膨胀。

天体物理学家们仍不清楚此时偌大的太阳是否会吞并地球轨道。如果发生吞并，那将是世界末日！地球的自转将在太阳外层中逐步停

> **开尔文** 是国际单位制中的温度单位（符号为 K），也称为热力学温度。它以唯一的固定点作为计算起点，也就是水的三相点，即水的固、液、气三相平衡共存时的温度。它把水的三相点温度定义为 $T=273.16K$。通常使用的摄氏温度（符号是℃）是通过以下的关系式由热力学温度定义的：T (℃) $=T$ (K) － 273.15。

止，尽管在太阳外壳扩张时期的外层物质密度很小。我们的地球将耗时数百年，盘旋坠落到太阳的中心，然后在那里被气化。

地球最终也有可能逃过此劫，但前提必须是红巨星时期的太阳失去足够多的物质。这样一来，逐渐减小的引力作用会让地球逐渐远离太阳。这种情况可能就是在太阳膨胀到最大的时候，它还不会延伸到地球轨道。

无论如何，由于不断膨胀，太阳外层最终会溢出，并扩散到周围的空间，形成一片星云。而日核将会在此最后时期裸露出来，丧失所有的新的核物质并开始坍缩，变成地球大小的白矮星，然

后再耗上几十亿年，直至完全冷却。

在地球遭到太阳生命跌宕起伏的突变所导致的种种蹂躏之前，我们这颗饱受天灾的蓝色星球上就会突发很多事情。所以我们以后将会遭遇来自太空的危险。当前之际必须要明智地考虑如何逃出这个危险的星球，迁移到太阳系的其他行球，甚至银河系更遥远的地方。

> **白矮星** 是直径只有几千公里的恒星，它内部的电子简并压力抵消了引力坍缩。一颗白矮星的质量不能超过钱德拉塞卡极限。

🔍 怎样飞向太空？

在公元 2 世纪，吕西安·德·萨摩萨特是一位几乎与天文学家托勒密同时代的讽刺作家。他最著名的作品无疑是《真实的故事》，书中有一个人物前往月球旅行，因此吕西安·德·萨摩萨特通常被认为是第一位科幻小说作家。他无疑影响了西拉诺·德·贝尔热拉克的作品《月球上的国家和帝国》以及伏尔泰的小说《小大人》。

再就是开普勒，他除了科学论著之外，还是一部鲜为人知的科幻小说的作者。这部写于 1610 年左右的作品，书名是《梦游》，记述了一次月球之旅。

约翰内斯·开普勒

　　1571 年生于德国，以证实哥白尼的日心学说而闻名于世，他还发现了太阳系的行星沿椭圆轨道运行。作为数学家、天文学家、物理学家（尤其在光学方面）、音乐家和星相学家，甚至小说家，他的主要著作是 1609—1618 年发表的著名的开普勒三定律。开普勒是第一个提出的太阳自转假说。他在 1596 年出版了第一部著作《宇宙的奥秘》。在那些支配行星运行的定律里面，他看到了传给人类的神圣信息。在第谷于 1601 年去世后，开普勒成为神圣罗马帝国皇帝鲁道夫二世的宫廷数学家，他在这个职位上直至 1612 年。他在 1604 年出版的《天文学的光学须知》中阐述了现代光学的基本原理。在 1609 年出版的《新天文学》中，他详细论述了他最初的两个定律，也提出了一些其他假说，如制约行星运动的力的特性，即"近乎磁性"的力，这已是物理学概念，而不再是来自于神明了。在 1610 年，他得知伽利略通过使用天文望远镜的观察，发现木星有 4 颗卫星环绕，便写了一封声援的信件，并以《与恒星信使的对话》为题发表。也正是开普勒首次在 1611 年使用"卫星"这个字眼来表述围绕木星转动的 4 颗小行星。当时刚刚发明的望远镜，也启发开普勒在 1611 年撰写了第二部光学著作《折光学》，从理论方面介绍了伽利略的最新发现。开普勒把音乐和天文学联系起来，断定宇宙也服从"和谐的"法则。他在 1604—1605 年间观察到一颗超级新星，2 年之后写出了《蛇夫座脚部的新星》。1613 年，他指出了基督教历法中一个 5 年的错误：他首次把基督的出生日期改到公元前 4 年。1625 年，经过 6 年的奋争，他挽救了被控行巫术的母亲免受火刑……他 1630 年辞世，4 年之后，他的著作《梦游》得以出版，如今这部有

关从地球到月球旅行的著作被世人称为一部奇妙的作品。这部著作于1610年开始创作，在他去世前不久才完稿，主要伪托用于普及哥白尼的学说。

人们无疑把首部探讨太空旅行的著作归功于西拉诺·德·贝尔热拉克。他在1650年左右写成的《月球上的国家和帝国趣史》是一个关于虚拟旅行的启蒙故事，并在他去世（1655年7月28日）2年后由他的朋友亨利·勒·布莱出版。西拉诺·德·贝尔热拉克的另一部去世后出版的作品《太阳上的国家和帝国的趣史》是《月球上的国家和帝国趣史》续集。

后来呢？后来？没有后来，或者几乎没有，直到儒勒·凡尔纳和乔治·梅里埃[1]开始了他们用卫星……甚至是超级大炮把人类送往太空的幻想。再后来，直到1954年，丁丁和他的伙伴们乘坐向日葵教授发明的火箭，开始了月球上的行走……

谁是征服太空的先驱者？

对于发现和探险的需求是人类的一贯行为。自古以来，所有文明中都不乏探险家和先驱者。太空旅行首先意味着人类渴望走得更远，但也意味着脱离地球。人类探索宇宙的渴望可谓多种多样，但首要的目的则是为了寻找一颗新的地球，以备我们的地球

---

①乔治·梅里埃（Georges Méliès，1861年12月8日—1938年1月21日），法国著名的无声电影导演，以电影特技方面的发明和实践著称，被称为"电影特技之父"，曾在1902年执导默片（即无声电影）《月球旅行记》。

由于太阳射线增强而不能居住之需。

真正科学意义上的太空旅行探索始于 20 世纪初。1903 年俄罗斯教师康斯坦丁·齐奥尔科夫斯基提出了如何使用多级液体燃料火箭来达到入轨速度。

1950 年 7 月缓冲器（Bumper)2 号火箭发射，这是佛罗里达卡纳维拉尔角首次发射的火箭：它是由 WAC"下士"火箭与二战缴获的 V-2 火箭组合而成二级火箭，能达到创当时纪录的 400 公里的飞行高度（© NASA）

1919 年美国工程师罗伯特·戈达德提出在液体燃料火箭上使用喷管以达到星际旅行所必需的推力。德国工程师赫尔曼·奥伯特和韦纳·冯·布劳恩大量借鉴了这项研究成果，用于发展他们的军用火箭。1942 年 10 月 3 日，第一枚太空火箭发射升空：这就是 A4 火箭，也就是有名的 V2 火箭（V 即德语的 Vergeltungswaffe，复仇武器），它是名副其实的现代火箭发射器的始祖。

太空探险的开始

真正的太空时代可追溯到 1957 年 10 月 4 日，苏联的斯普特尼克升空进入轨道，成为地球的第一颗人造卫星。此后不久，美国受到苏联轰动一时的成功的鞭策，组建了国家航空航天局（NASA）。1959 年初，苏联的月球 1 号探测器进行了绕月飞行。同一年的 10 月，月球 3 号传回了月球背面的图像照片。随后，在 1962 年 4 月 12 日，全世界惊讶地发现，俄罗斯人尤里·加加林成为第一个被送往太空进行轨道飞行的人。直到 1962 年 2 月，约翰·格林成为第一位进行轨道飞行的美国人。与此同时，肯尼迪总统宣布，美国人将在 10 年之内踏上月球。1962 年法国建立了国家太空研究中心（CNES），新的欧洲也成立了欧洲太空研究组织（ESRO，European Space Research Organization），它在 1974年成为欧洲航天局（ESA，European Space Agency）。最后，在 1969 年7 月 21 日，出现了地球上的历史性事件，美国人尼尔·阿姆斯特朗和埃德温·奥尔德林在执行阿波罗 11 号任务时，成为首批踏上月球的人类。美国由此争得霸主地位，在太空探险上进行了大笔投入，但也只凭借无人探测器在太空探索方面取得了一些可观的成就。我们离人类踏上"红色星球"的日子还很遥远，尽管它离我们很近……

V2 火箭在技术和工业化方面的成功是人类征服太空取得的初步胜利，将近 15 年之后，即 1957 年 10 月 4 日，苏联的 R-7 SEMIORKA "小七"火箭把著名的斯普特尼克送入轨道，成为第一颗人造地球卫星。建造斯普特尼克的苏联专家得到过曾经研发 V2 火箭的某些德国工程师的帮助……

1969 年 7 月，阿波罗 11 号任务发射升空（© NASA）

🔍 弹道飞行还是连续推进式飞行？

　　人类首次登上月球是在 1954 年，不过那是埃尔热创作的连环画里的主角丁丁。直到 15 年后，阿波罗 11 号的机组人员才真正完成了探险任务。而且要知道，阿姆斯特朗和他的同伴们并没有复制丁丁的飞行过程……甚至相差很远！因为美国人 1969 年的登月之旅是一次复杂的弹道飞行，而丁丁乘坐向日葵教授发明的火箭进行的飞行，却是一种连续推进式飞行，这就可以解释为什么他们的各自飞行所用时间不同：阿姆斯特朗和同伴们用了大约 3 天才到达我们地球的卫星，而丁丁、向日葵教授和机组人员却只用了 4 个小时多一点。

不管怎样，无论是向日葵教授的火箭，还是发射阿波罗 11 号飞船及月球舱的土星运载火箭，其推力都必须让其自身摆脱地球引力，从而飞向地球的卫星——月球……能够允许物体从地球表面发射出去并彻底摆脱地球引力的速度（称为第二宇宙速度，或称自由速度或脱离速度），是根据牛顿在 17 世纪末建立的万有引力定律计算出来的。

在与太阳系相关的参照系里面，我们的太空飞船、地球都以几乎每小时 107000 公里的速度环绕太阳运转！更为甚者，在与银河系相关的参照系里面，太阳则以每小时 800000 公里的速度围绕银河系中心运转。而我们所在的银河系，当我们把它与其他临近的星系比较时，它也在以极快的速度在宇宙中奔向自己的终点……

那么你也许会问，既然我们都在以如此这么快的宇宙速度飞奔，为什么我们自己却感觉不到呢？

自从庞加莱指出绝对参照系的概念毫无用处，尤其是随着爱因斯坦提出了相对论原理，我们懂得了根本没有绝对运动，如果没有外在的参照物，我们只能感觉到加速度。而地球、太阳系、银河系所进行的基本上是与我们保持一致的同速运动。伽利略曾经发现，如果我们在一艘匀速行驶的船内向空中抛出一个物体，该物体仍会落在原地。爱因斯坦也在一列前进的列车中抛物体时发现了相同的现象。

在与太阳系相关的参照系里面，目前最快的宇宙航行器就是美国 NASA 的新地平线号探测器（速度约 75000 公里 / 小时），因为在 2007 年 2 月，当它在木星这个巨大天体附近经过时，曾获得木星引力的大力推动。弹道飞行所能够获得的速度仍然较低，所以若想使用人类制造的载人或无人太空飞船进行真正的太阳系探索，我们还必须更加努力。

连续推进式飞行，例如可以通过使用离子发动机来改善性能，但是目前的离子发动机的推力还很弱，还需要假以时日才能获得极高的速度。至于星际飞行，或者甚至前往太阳系边缘的飞行，现在仍然处于科学幻想阶段……我们还会有机会再讲到这些。

第三章
系外行星：火星及火星以外的地方

🔍 天体逆行有什么错吗？

　　各个地域的文明都曾经注意到行星的不规则运行。行星这个词本身就是来源于希腊词语 planêtês astêrês，意为行迹不定的星星，而与之相反的，则是那些在天空中貌似静止的恒星。在公元前 3 世纪，萨摩斯的阿里斯塔克就曾认定，除了月亮之外的行星都在围绕太阳运转。由于在那个时代没有办法对此进行验证，所以这个日心学说体系便被人遗忘了，直至 16 世纪的"官方"理论认为所有行星围绕地球运转，地球本身处于世界的中心。

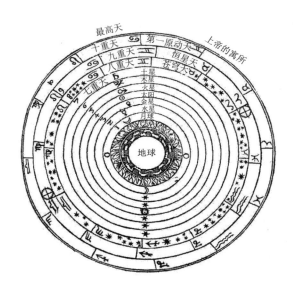

地球中心说体系

为什么在天穹之上有些行星运行会放慢速度，甚至停止，然后再向相反方向运行一段时间（明显受逆向推动），最后再重新开始自西向东运行？除了太阳、月亮、水星和金星之外的行星，都可观察到这种逆行现象。喜帕恰斯以及后来 2 世纪的托勒密首先给这个问题找到了貌似可信的答案。在托勒密的《天文学大成（ALMAGESTE）》中，他假定每一颗行星都在一个小圆盘即本轮上转动，而它的中心则在另外一个大的圆盘上围绕地球运转。

不过，尽管这个本轮的理论很精巧，但还是现出很多空缺，也不能完全解释行星的视运动。因此被称为黄道带偏好，也就是某些行星会在某一部分天空中显现更久的现象，这便成为一个不解之谜。

一直等到日心学说的胜利，才出现了对行星逆行令人满意的解释：外行星如火星、木星或土星，其在轨运行速度比地球的在轨移动速度慢。我们的地球在周期性地追赶它们，然后再超越它们，从而让我们产生一种错觉，即那些行星在后退。而对于内行星也是这样，只不过不同的是，它们是先追赶地球，然后再超越地球。

火星上有运河吗？

　　这个问题一直是 19 世纪末人们关注的焦点议题。火星实际上是最容易被观察到的行星。历经多个时代的天文学家的观测，火星表面的一些细节，令人们很快对那里可能存在生命产生了无数的揣测。同时，儒勒·凡尔纳又使得预见性文学风靡一时，这预示这种文字形式将完全成为科学幻想作品。随后，对于红色星球上可能存在居民的更加疯狂的猜测纷至沓来，以至于火星人这个词几乎成为外星人的同义词……

克洛迪斯·托勒密

　　这位约公元90年生于上埃及的罗马省、居住在亚历山大城的希腊伟大学者，在今天看来，由于他获得的极不公正声誉，说他是一个"谬误百出"的科学家，使他成为天文学的失宠者。人们对他的指责都有哪些？他建立了古代最完善的地心说体系，试图以此来解释行星逆行之谜。他还根据本轮建立了极为精巧的理论，这种理论在哥白尼学说问世前一直处于主导地位……这种（坏）名声其实对托勒密来说太不公正，因为他曾在多个不同领域如天文学、星相学、地理学、数学、音乐、光学等方面都有出色的论著。他所著的《天文学大成》是古代流传下来的唯一完整的天文学论著，其中很大一部分归功于它的阿拉伯译文，因此获得了这个名称 Al-Mijisti，意为"大成"。在这部著作里，托勒密使得地心学说体系源远流长，作为权威学说长达千年之久。《天文学大成》还包括星表和覆盖了当时已知的天空中的48个星系的列表。书中还有对星盘的描述。托勒密于大约公元168年在卡诺普（古埃及城市，现在的阿布基尔附近）去世。

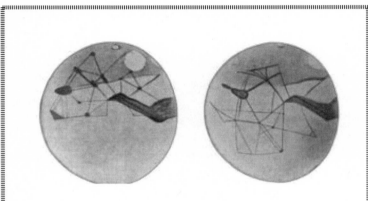

帕西瓦尔·罗威尔绘制的火星运河
（©Yakov Perelman.Distant Worlds.St.Petersburg.Soykin printing house.1914）

1877 年，意大利天文学家乔瓦尼·斯加帕雷里，在米兰的布雷拉天文台宣布了一个惊人的消息，他观察到火星表面的一些条纹，可以解释为由某种智慧生命形式所建造的建筑网络。1893 年，热衷于天文学的美国富豪帕西瓦尔·罗威尔在阅读了卡米耶·弗拉马利翁（Camille Flammarion）的著作《火星》之后，渴望全心对火星进行研究。于是他决定在美国亚利桑那州弗拉格丝塔芙的"火星山"顶建造一座专门用于观测红色行星的天文台……

罗威尔也看到了斯加帕雷里曾经看到的那些条纹，他认定那是一些智慧生物设计和建造的由运河构成的灌溉系统。罗威尔的想象更进一步，他认为这绝对是一项浩大的工程，是利用火星的冰盖水源来灌溉沙漠。毋庸赘言，罗威尔的理论并未为人所接受，大量观察者所观察到的只是一些模糊不清的斑迹，而罗威尔则把这些看成是运河和一些工程建筑。

　　到了 20 世纪初，一些新的高性能观测仪器证实，火星上并不存在运河。罗威尔不过是把他的臆想当成了现实。最终，在 1965 年，美国的水手 4 号探测器在绕行火星轨道上传回照片，充分证实火星上面的运河无疑只存在于罗威尔的梦想之中。然而，火星表面确实有过液体流淌。探测器在红色行星轨道上运行时所拍摄的照片显示了一些溪流的痕迹。

由美国国家航空航天局维京火星计划所获得的 102 张图片合成的火星照片（© NASA）

人类能到火星上行走吗？

　　由于我们的太空飞行仍是弹道式飞行，所以要想向火星发射载人飞船，必须要考虑到发射窗口的苛刻限制，因为火星到地球的距离从 5600 万公里至 4 亿公里之间不等。所以必须仔细确定能够让飞行往返线路最短的时间段，我们毕竟不能在太空旅行上花几个月时间而只在目的地度过一个周末。

前往火星的载人飞行还会出现前所未遇的问题。因此太空船必须在至少两年内完全保持续航能力，因为不可能折返，飞行期间不能进行燃料补充，没有救援队伍，宇航员必须全靠自己……除此之外，还要保护宇航员免受宇宙射线和太阳喷发的辐射，这些辐射的危害足以与深度暴露在辐射源中相比。

另外，火箭装置还要配备一些系统，以便应付由于长期失重状态下所产生的各种问题，并能够防止设备的老化。宇航员们还必须能够忍受在密闭环境中的集体生活，这种环境很可能对心理造成致命影响。最后我们还不要忘记诸如携带食物、饮水和氧气的问题……

即使通过在月球建设能够让宇航员发射升空的基地，可以避开某些难题，但是要想在今后几年里飞往火星，我们目前仍然还有很多困难，还不能找到满意的解决办法。

什么时候能开始向近太空移民？

太空移民是科幻小说里大量探讨的主题之一。但是不管那些人怎样哭着喊着要移往天外，这样的移民还只是极为远期的设想。在这方面，火星当然是最为众多的计划和梦想的目标所在。对此，有两个关键问题：火星上的生物和如何向火星移入生物。

火星是一颗与地球同年代形成的类地行星，但体积却小得多。另外，火星很薄的大气层主要由二氧化碳气体构成。尽管火星寒冷荒芜的表面很规整，但还是引发了越来越多的疑问。地球和火星的结构有何不同？为什么地球与火星这两颗相似的行星，其演化过程不同？火星仍然一直处于地理活动期吗？火星的原始大气层是否足够致密，能够让液体水一直在其表面流淌？火星的气候是如何演变的？因为什么原因？火星上面的化学反应是否形成了生命起源前的分子？最终是否形成了可复制的结构（生命体）？如果火星上存在生命，是不是遍布在不同区域？现在还仍然存在吗？未来的火星开拓者赖以利用的自然资源是什么？

为什么要到火星上生活？为什么要探索火星？

但是为什么要到火星上生活呢？又为什么要探索火星？在已经问世的很多研究成果中，有一些曾极大地受到科幻小说的启发，有时也曾被科学家再次提起。不过这些研究仍处于非常遥远的设想阶段，如火星地球化，这是一些科学家的宏大计划，打算通过向红色星球运送地球生物，把火星改造成我们蓝色星球的孪生兄弟，拥有致密大气层和可供呼吸的氧气……

不过还是让我们看一看主要的太空机构所安排的中短期任务。美国的 MSL 火星科学实验室已于 2011 年底发射，在 2012 年 8 月将"好奇号"火星探测车送至火星表面。自从"好奇号"火星车着陆后，已经在伊奥利亚山脚下前行了大约 6 公里，这是一座由沉积层构成的、高出盖尔陨坑 5 公里之多的巨大山丘。而欧洲的 ExoMars 计划，在俄罗斯航天局 Roscosmos 的支持下，也准备在火星表面安置一个真正的活动实验室，用来寻找生物标记。

🔍 小行星是从哪儿来的？

小行星当然是指一些较小的天体，但通常被认为是让人担忧的东西。小行星的这个坏名声并非完全空穴来风，因为其中有一些小行星可能会穿过地球的运行轨道。这些小型天体都在环绕太阳的轨道上，但它们有着十分不同的特性，专家们按照它们在太阳系中的位置将它们分成多个门类。

首先，小行星数量最多的是主小行星带，这些小行星在距离太阳 2 ～ 4 个天文单位的火星和木星轨道之间变换不定。这无疑是因为木星的引力场阻碍了这些小天体汇聚到一起形成行星。

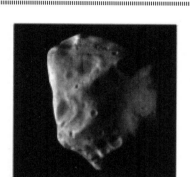

主小行星带中的大型小行星司琴星 (Lutetia) 照片是由欧洲的罗塞塔探测器在飞往丘留莫夫—格拉西缅科彗星途中拍摄到的（© ESA 2010 MPS for OSIRIS Team MPS）

　　还有一些叫作特洛伊的小行星，因其天体数量之众而成为第二大小天体群。这些小行星位于一颗行星轨道的极特殊位置，即拉格朗日点。几乎所有的特洛伊小行星都位于木星 - 太阳体系的拉格朗日点 L14 和 L15。第一颗特洛伊小行星是在 1906 年由德国天文学家马克斯·沃夫发现的，他将这颗小行星命名为特洛伊战争中的英雄"阿喀琉斯"。继沃夫之后，在木星 - 太阳体系的拉格朗日点陆续被发现的其他小行星，也以特洛伊战争的人物而命名，这个小行星群因此被称为特

　　1772 年，原籍皮埃蒙特的法国数学家约瑟夫 - 路易·拉格朗日伯爵对一颗小型天体进行了研究，它的质量可以忽略不计，同时受到 2 颗较大天体的吸引，如太阳和另一颗行星。拉格朗日发现，两颗较大天体的引力场重合后形成 5 个平衡点，即 L1 ～ L5。小型天体如果位于这些拉格朗日点中的任何一点，便可以在另外 2 颗大型天体之间保持固定位置。

洛伊小行星群。

在行星形成差不多 50 亿年之后，海王星曾发生向太阳系外迁移。这样一来，它就对一些离太阳很近的小型天体的轨道产生了严重干扰，于是这些小型天体便向四处飞散，有一些飘到了太阳系外较为稳定的区域，在那里形成了现在的柯伊伯带。这个行星带中的第一个天体是在 1992 年发现的，到现在已经发现有将近 1000 颗天体了。目前在它们中间所发现的最大天体，是一颗叫作阋神星（ERIS）的矮行星，当它在 2010 年 11 月 6 日遮掩鲸鱼座的一颗恒星时，天文学家们精确地推算出了它的外形尺寸（其直径为 2326 公里）。

还有其他的小行星家族，如在一些大型行星之间运行的半人马小行星，应该是柯伊伯带中从原始轨道抛出的一些天体。例如第一颗被确认的半人马小行星卡戎（Chiron），在它的近日点一端还出现了一条彗尾。这颗小行星有着双重身份，人们认为它既是小行星又是彗星。天文学家们估计，半人马小行星族有 40000 多颗大于 1 公里的小行星。在几百万年的时间段来看，半人马小行星的轨道很不稳定。这些小行星只有三种可能的命运：与太阳相撞；与某颗行星相撞；或者被抛出太阳系。因为这些小行星的体积太小和距离太远，对它们的研究十分困难，也许费贝（Phoebe）是个例外，它是土星的一颗卫星，卡西尼号探测飞船（Cassini）曾在 2004 年拍摄到它，它可能是土星掳获的一颗半人马小行星。

 陨星是害人的天体吗？

地球在围绕太阳旋转时，会吸引大量的星际物质，其数量每年可达 4 万吨。这其中主要是灰尘，但还有数千个重量超过 1 千克的物体。灰尘颗粒在穿过大气层时由于摩擦而变得温度极高，于是会发出光亮，这就是流星。

那些如英仙座、狮子座、猎户座或者双子座的流星雨，都是以它们来自的星座而得名，这些流星雨都与彗星有关。彗星所抛出的尘粒在其环绕太阳的轨迹上会形成一条痕迹。当地球在轨道上运行时，如果穿越这条灰尘颗粒带，就会出现流星雨。由于彗星的关系，尘粒的密度也有大有小。人们会把流星雨与某颗彗星联系起来，如在 8 月份能看到的著名的英仙座流星雨，就与斯威夫特·塔特尔彗星有关。

根据这些尘粒的大小，它们落到地球的方式也不同。最细小的尘粒以一种矿物质形式，降落得很缓慢；最大的颗粒，像那些微陨石，在穿过大气层时会发生破裂而变成沙粒，落在地球表面。每年只有 500 块像滚铁球游戏中的铁球（70.5 ~ 80 厘米）一样大或者更大的物体会掉到地面。

而质量更大的陨星，如果撞击地面，会造成极大的陨坑；如果降落在海里则会引发海啸。在降落过程中所释放的能量往往会造成灾难性后果，如冲击波和大量的热，大规模火灾，尤其是撞击时产生的灰尘云，可能会在相当长的时期持久改变整个星球的气候。

这也是解释恐龙在距今 6500 万年前消失的假说之一。　造成这场灾难的原因可能是一颗直径 10 公里的陨石撞击地球，极可能的撞击地点是在墨西哥尤卡坦半岛北部的希克苏鲁伯陨石坑。这颗巨大的陨石可能产生于小行星的相撞，或者是源自彗星在靠近某颗大行星时因引力所发生的解体，例如在 1994 年 7 月，人们直接观察到了舒梅克－列维 9 号彗星（Shoemaker-Levy 9）在与木星相撞之前，分裂成了一些碎块。

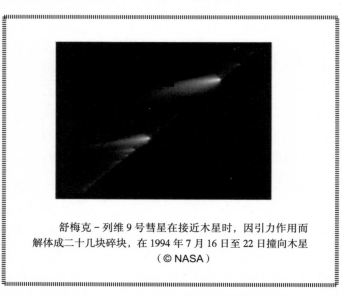

舒梅克－列维 9 号彗星在接近木星时，因引力作用而
解体成二十几块碎块，在 1994 年 7 月 16 日至 22 日撞向木星
（© NASA）

法国也未能逃脱陨石的撞击。最重要事件之一是 1492 年 11 月 7 日记载的昂西塞姆陨石撞击事件，这是由一颗很大的陨石（质量为 127 千克）造成的，它因此让阿尔萨斯的小镇一举成名。更近一些的则是发生在 1803 年，曾经有一颗陨石在诺曼底的艾格尔城上空解体，有 2000 多块碎块散落在周围地区。而在法国发生的最大一次撞击事件，则在距今 21400 万年前，这次撞击被认为发生在上维埃纳省的罗什舒阿尔，并在那里留下了直径为 20 多公里的陨石坑，尽管现在已经不太明显，但仍然存

在岩石被撞碎的痕迹。

而在整个地球的角度来讲，最为惊心动魄的历史事件则无疑是通古斯卡事件，它的名字源于中西伯利亚的叶尼塞河支流通古斯河。1908年6月30日，接近早7点左右，一颗直径为50米、质量为10万吨的火流星在通古斯河上空几公里处发生爆炸。这次比广岛原子弹爆炸的能量要高出上千倍的爆炸，释放出冲击波和热量，摧毁了方圆十几公里内的泰加森林，造成几千万颗树木倒下。产生的烟雾和灰尘直升高空，在欧亚大陆蔓延。当时的中欧地区都看到了色彩缤纷的日落景象和夜间出现的特殊光亮。

就在整整一个世纪以后的2013年2月15日，一颗直径为15米左右、质量将近1万吨的火流星，在南乌拉尔的车里雅宾斯克地区约20公里上空的大气层中部分解体。这次爆炸所释放的能量，比在广岛上空600米爆炸的原子弹所释放的能量还高30倍，但只是通古斯卡上空爆炸所释放的能量的1/30。产生的冲击波摧毁了一座墙和一家工厂的屋顶，还造成数千扇窗户和玻璃破碎，使得车里雅宾斯克地区有上千人被玻璃划伤。这次火流星的爆炸碎片散布在当地各处。部分碎片被送到拍卖行进行拍卖，尽管其中有一些来历不明。这说明陨石很受收集爱好者追捧，定价可达到每克上百美元！最大一块陨石（重570千克）是在距离车里雅宾斯克不到100公里的切巴尔库利湖底找到的。

太阳系里有多少颗月亮？

除了水星和金星之外，太阳系中其他所有行星都拥有像地球的天然卫星——月亮——相类似的天然卫星。这些卫星的体积和形状各不相同。通过航天探测器传来的图片，让我们发现了太阳系的 600 多颗天然卫星。其中大部分都是在行星（包括矮行星）周围被发现的，但其余的 200 多颗，则都是围绕着小行星或其他小型天体。

人们认为，那些离行星相对较近，在被称为同向轨道（逆时针方向）上运行的天然卫星，都是在围绕初期太阳的尘埃和气体构成的原行星盘的同一区域形成的，这里也产生了行星。与之相反，那些一般都在较远的、倾斜的、偏心的、甚至逆行（逆时针方向）的轨道上运行的特殊卫星，则是由一些自原行星盘以外被捕获的物质形成的。

对于这种卫星形成的标准模型，还有一些其他的假说。例如地球和月球或者冥王星和卡戎这两对行星和卫星，可能是由两个大型原行星体的相撞而形成的。

那些被溅射到环绕天体中心的轨道上的物质，可能通过吸积而形成一个或多个天体。这种假说也解释了小行星的卫星的形成过程。

令人不解的是，卫星这个词语并没有确切的含义。如地球和月球或者冥王星和卡戎，行星和卫星的质量之比与其他大多数行星－卫星体系相比低得多，使得有时很难区分是行星－卫星体系还是双星体系。与之相同，对于太阳系一些大行星的行星环，人们只知道它们是由一些碎块物质组成的，但没有任何确切的尺寸定义，能以此认定其中哪一个算是卫星。

直到 1610 年，在木星的卫星被伽利略所发现之前，月球是唯一已知的天然卫星。1611 年，开普勒称它们为 satellites（卫星），源于拉丁语"satelles"，意为伴侣。曾发现了土卫六的克里斯蒂安·惠更斯首先使用了月亮这个词，把土卫六称为"土星的月亮"。然而随着人们发现的"月亮"越来越多，人们便用卫星这个词来形容在轨道上围绕行星运行的天体。

伽利略

伽利略·伽利雷，1564 年生于比萨，1642 年故于佛罗伦萨附近的阿切特里。他无疑是当时最著名的科学家，曾完善了天文望远镜，并用它进行了许多重要的观测，发现了月球的山脉、木星的卫星、金星的周相、甚至太阳黑子。但人们还要归功于他对相对性的最初表述：对于所有惯性系，力学法则都是相同的，也就是说所有的惯性系不受任何力的影响，无论其速度如何。由于伽利略的贡献，我们才得以区分速度和加速度这两个概念，人们才能够接受这样的概念，即速度只能与一个被随意选中的固定参照物相比较时才有意义。作为哥白尼日心说的支持者，伽利略与当时的罗马天主教廷的宗教裁判所发生了冲突。如果没有教皇的暧昧保护，对他进行的轰动一时的审判，也会宣布他与布鲁诺相同的命运——火刑……

木星是一颗"失败的"行星吗？

木星的质量是太阳系其他所有行星质量总和的 2.5 倍。这样的大质量，使得太阳系的引力中心处于太阳之外。另外，木星的直径是地球的 11 倍，这个体积巨大的气体星球里可以装得下 1300 多个地球。然而，木星的密度却只有地球的 1/4，所以它的质量也只有地球的 318 倍。木星的质量所产生的引力对太阳系的形成有过极大的影响，比如小行星带的柯克伍德空隙在很大程度上就是由此造成的。

尽管木星质量巨大，但它的直径却比较小，因为它受到极大的引力而收缩，使得体积变小。所以按照它的结构来讲，木星的直径已经达到最大了。木星有时被形容为一颗失败的行星，它必须达到现有质量的 13 倍时才能够被定为褐矮星，也就是类恒星即只能够激起热核聚变反应，但却不能把聚变保持下去。而要想变成一颗真正的恒星，它的核聚变能力必须要增大 75 倍！不过木星释放的能量比太阳所接受的能量要多，而木星核心产生的热量却少于太阳所供给它的热量。那么，木星是从何处找到能源，让它能放射出比它获得的还多的光照？

小行星依照其围绕太阳的轨道周期而形成的分布情况，绝不是偶然形成的，与此相反，它们的分布呈锯齿状，存在着峰值区和空隙。这些空隙根据美国数学家和天文学家丹尼尔·柯克伍德的名字命名为柯克伍德空隙。这些空隙与轨道周期相吻合，这些轨道周期刚好是木星轨道周期的等分分割。例如只有很少的小行星的轨道周期有 4 年，这正好是木星轨道周期的 1/3。

　　这是正在冷却的气体星球所发生的一种完全自然的现象。那里的压力在降低，引起了气体球体被压缩，从而又造成温度上升。这种原理最初是由英国物理学家威廉·汤姆森（1892年成为开尔文男爵）和德国物理学赫尔曼·冯·亥姆霍兹提出的，用以解释太阳的能量来源。不久之后，英国天文学家亚瑟·艾丁顿指出，这种进程不能让太阳照耀数千万年，这样的时间段对于地质年代来说实在不够漫长。不过开尔文·亥姆霍兹原理却很符合褐矮星和大型气体行星的内部机制。

🔍 土星的神秘光环

　　土星是一颗比地球体积大760倍的行星，但它的质量却没有超过地球质量的100倍。土星的平均密度比水还低，是太阳系的八大行星中密度最低的。不过，天文学家认为，从土星的起源和结构来看，土星更类似于其他一些大型气体行星。但对于土星仍存在很多疑问，尤其是它的光环。

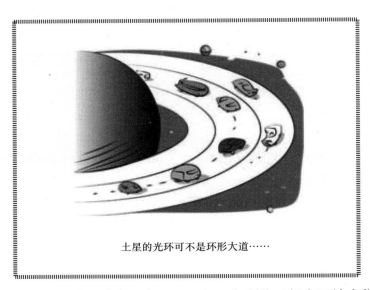

土星的光环可不是环形大道……

　　稍微回顾一下过去：在 1610 年，伽利略已经有了放大倍数为 20 倍的望远镜，当他把望远镜指向土星时，发现那上面随处可见许多突起之处。直到半个世纪以后，惠更斯让我们明白，最初的观测者使用单筒望远镜看到的这些土星两侧的突起物，实际上是环绕着行星的扁平圆环。惠更斯在 1655 年注意到所谓的突起物消失之后，提出了上述假说。

　　直到两个世纪之后，人们才了解了圆环的结构。担任巴黎天文台首届台长的卡西尼，或称为卡西尼一世，因为他的家族成员一直担任这个职位长达 1 个世纪之久，他首先意识到了圆环的组成物质，是无数个无法单独辨别的小卫星。到了 19 世纪，苏格兰物理学家詹姆斯·麦克斯韦在 1857 年确认了这种说法，他在理论上认为这些光环是由无数的小碎块组成的。

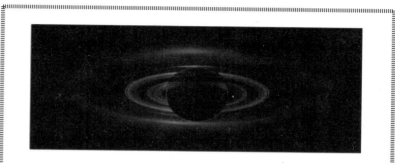

2013 年 7 月 19 日卡西尼号探测器拍摄的土星和土星光环照片。由 NASA-ESA 发射的这台探测器位于距离土星 100 多万公里的一个独特的观察位置，此时星盘刚好遮住太阳，可以显示出光环系统，甚至光环 E，它是由细小冰粒组成的，可以折射距土星 240 万公里以外的太阳光
（© NASA/IPL-Caltech/SSI）

　　直到 19 世纪末，由美国天文学家詹姆斯·基勒进行的光谱研究表明，那些光环和符合开普勒运动定律的大量碎块的运动方式一样，以一种差动的方式运转。也就是说，如果光环是由独立的微小卫星所组成，则距离土星较近的，运行一周要少于 8 小时，即比土星本身的运转要快，而距离土星较远的，运行一周则需要超过 14 小时。

　　根据这个发现，法国数学家亨利·庞加莱强调了构成光环的碎块相互碰撞的重要性，并指出这种相同的现象曾在太阳系初期起到过重要作用。现在的电脑模拟显示，通过一系列相互碰撞，环绕一颗行星轨道的小型天体体系最终将变得扁平。从伽利略、惠更斯、麦克斯韦到庞加莱，只有这些物理学和数学大师们对土星光环感兴趣，从而揭示出它的真正本质……

　　20 世纪末，借助连续不断的太空任务获得的图片，标志着土星和它的光环从幕后走到幕前的重大转折。前往土星的最突出的太空任务,毫无疑问是两颗旅行者号探测器所进行的探测活动,这两颗探测器最初是为了远程太空旅行计划所研发的,其目的是为了探索外太阳系空间。这两颗探测器,旅行者 1 号在 1980 年 11 月,旅行者 2 号在 1981 年 8 月,曾在间隔 9 个月的时间里先后接近土星。

　　21 世纪初,主要用于土星探索的卡西尼 - 惠更斯探索计划,成为 NASA 和 ESA 鼎力合作的辉煌之举。自 2004 年起在"光环行星"土星的轨道上运行的美国卡西尼号太空船,于 2015 年 1 月释放欧洲的惠更斯号探测器,它在惠更斯 1655 年发现的土星的大卫星泰坦星,即土卫六表面软着陆。土卫六的体积可与水星相比,是太阳系中最大的、也是唯一拥有致密大气层的卫星。

　　从地球看去,土星的光环呈现为一系列明暗不同的同心区,并有一些暗区将它们分隔开来。天文学家按照自内向外的顺序,将它们分为: 位于土星高空大气的数千公里处、亮度很低的 D 环;然后是 C 环,即黑纱环,更为暗淡;接着是最为明亮的 B 环;最后是 A 环,它的外沿距离土星中心 136000 公里,是在地球上所能观测到的光环中最外侧的光环。A 环和 B 环之间的间距有数千公里,这就是卡西尼缝。在 A 环之外,科学家们还确认了两个很窄的光环,被编为 F 环和 G 环,最后,还有非常稀疏的 E 环,它距土星中心的距离有数十万公里。

　　目前,根据探测器所采集的数据,行星学家们对光环系统更加了解,这个系统的形状符合卡西尼的直觉,都是由扁平的圆盘组成的。但其尺寸令人惊讶,与天文学家们从地球观测之后的看法相反,土星环系统并非一系列巨大的均质区域。在近处看去,它是由数千个连续的丝状环所组成,整体看上去就像一张旧时的密纹唱片。

太空探测器在现场的测量确认，这些环都很薄，它们的厚度都不超过 150 米，并且都是由大量的块状物质组成的。这些块状物质的大小为从尘埃颗粒，直到数量较少的接近 1 米的碎块。其中大多数为尘埃颗粒，组成环的大部分物质尺寸不超过几厘米。

人们还观察到相对数量较多的冰。卡西尼探测飞船还发现距离土星较远的环所含的冰，要比距离土星较近的环里面的冰更加纯净。这种不均匀性表明，那些土星环不是在同一时间形成的。很可能是一些解体的彗星逐渐形成了距离土星最远的光环。

太空旅行还有哪些方式？

在讲完使用化学燃料火箭推进方式进行的太空飞行之后，我们再来介绍 3 种更有未来特色的飞向太空的方法。

☆ 原子推动

作为科幻小说的老生常谈，原子推动成为美国在第二次世界大战之后进行的大量认真研究的课题。这些研究在 20 世纪 60 年代随着 NERVA（核动力火箭发动机）计划而达到顶峰，但这个项目在 1972 年被放弃。它的基本原理是：让高温流体通过核反应发动机，然后使其在管道减压，并产生推力。

现在，工程师们则更加谨慎地转向离子发动机，其推力是由高速喷出的离子所产生的。在一些已经处于太空实验的模型中，产生离子所需的电能是由太阳能电池提供的。例如欧洲航天局研制的用于首次 SMART 任务（"尖端技术研究小型任务"系列计划）的离子发动机。它可以向月球发射一个质量为 300 千克的小型模块。人们未来更会使用核反应发动机。有了这种核子－离子推进，现实即将追赶上幻想……

☆ 太空梯

　　太空梯的概念很简单：就是一根很长的缆索与漂浮在赤道上空的移动锚栓连接。缆索的每一段都会受到重力的作用（把缆索向下拉）和离心力的作用（把缆索向上拉）。这两个力在同步轨道的高度（36000 公里）趋于平衡。低于这个高度极限，重力就会占上风，所以必须准备一条足够长的缆索，来保证能把它往上拉的拉力。这条缆索要直挺挺地单独竖立。在缆索上运行的缆车就可以以低廉的费用直通太空。这个因英国科幻作家阿瑟·克拉克而广为人知的创意，实际上可以追溯到俄国人康斯坦丁·齐奥尔科夫斯基。首先需要解决的问题是，制造这条缆索的材料。随着新型材料（如碳纳米管）的发现，太空梯的计划有可能会实现。

☆ 太阳帆

　　太阳帆的创意于 1951 年由笔名为鲁塞尔·桑德斯的人发表在美国的一本科幻杂志上。这是宇航工程师卡尔·威利为了保持他的职业声誉所用的假名。他在文章中描述了如何乘坐安装了利用太阳光压力的风帆的太空船进行星际旅行，就像一艘轮船借助风力横渡大西洋一样。

　　像太空梯一样，太阳帆这个概念也是俄国人康斯坦丁·齐奥尔科夫斯基想象出来的，并由阿瑟·克拉克的小说《太阳风》而广为普及，在这部小说中，克拉克描写了使用相同原理的飞船进行的一次星际航行竞赛。和太空梯一样，太阳帆在今天也好似从科幻走进现实，各大航天机构在他们的资料库里已有各种各样的巨大太阳帆计划。从理论上讲，这些太阳帆在不到 6 个月的时间里就能到达土星。

第四章
冥王星及太阳系的边缘

克莱德·威廉·汤博是谁?

　　1930 年 2 月 18 日，年轻的美国天文学家克莱德·威廉·汤博在海王星之外发现了一颗他以为是真正绕轨运行的行星。这段故事讲起来很奇特。汤博 1906 年出生于美国的农民家庭，年轻时因为酷爱天文学，曾使用汽车零件和农业机械的配件自己动手制作设备。他勤奋地探索天空，画出了不少观测图。1928 年，为了获得专家的意见，他把自己的成果送到珀西瓦尔·洛威尔建立的天文台，洛威尔已经放弃火星和运河，转而专门寻找他喜欢称之为 X 行星的第 9 颗行星。

　　这位年轻人的研究深深打动了自从 1916 年起一直担任洛威尔天文台台长的美国天文学家维斯托·斯里弗，于是斯里弗便聘用汤博，参与寻找造成海王星轨道扰动的某颗行星。汤博于 1929 年初到达天文台所在的旗杆市，负责用闪烁比较仪对每隔几天拍摄的一系列天空底片进行对比。他希望这样能够找到一颗偏移恒星的亮点，那将是一颗期待已久的行星。

　　汤博毫不松懈地察看了几百幅底片，直到 1930 年 2 月 18 日。在不到一年的时间里，他反复查看了 150 万个光点，一直没有收获。新的行星的发现是在 1930 年 3 月 13 日被公布的，那一天恰好是威廉·赫歇尔在 1781 年发现天王星的纪念日，也是珀西瓦尔·洛威尔的诞辰日。在随后的几个月里，这次发现被确认，并引起了极大轰动。按照天文学界使用希腊神话中天神的名字给行星命名的伟大传统，新的行星被命名为冥王星（Pluton）。附带说一句，Pluton 的前两个字母 P 和 L，恰好是珀西瓦尔·洛威尔名字的首字母，他也曾经为发现冥王星做出很多努力，却未能实现自己的梦想，于 1916 年去世……

　　不幸的是，冥王星并不是洛威尔所认为的那样，干扰天王星和海王星。冥王星显然质量太小，不足以独自造成这些扰动，尽管 20 世纪初的天文学家们相信已经真相大白了。但与旗杆市的天文学家设法让人相信的事情刚好相反，冥王星的发现并非像海王星那样，是数学预测的结果。汤博曾经浪费了多年时间来寻找这颗大名鼎鼎的 X 行星，在今天看来已经不再需要用这颗行星的存在来解释天王星和海王星的轨道扰动现象，这些扰动现象似乎也被严重夸大了。

　　2006 年 2 月由哈勃太空望远镜对冥王星和卡戎双星进行的深度观察（冥王星居中，卡戎在其右下方）确定了太阳系存在着 2 颗新的月亮（Hydra et Nix.© NASA）

作为太阳系发现的第九颗（也是最为遥远的）行星，冥王星在 2006 年 8 月被国际天文学联合会确定为一颗矮行星，但最近几十年来，实际上在太阳系外也发现了一些类似的其他天体，其中有比冥王星体积和质量更大的阅神星（ERIS)。

因此，自 2006 年起，冥王星只不过是太阳系的一颗小行星，它的编号是 134340。冥王星的直径确实只是月球的 2/3。像它的卫星卡戎一样，冥王星主要是由岩石、甲烷冰和水冰组成。NASA 于 2006 年 1 月 19 日发射的新地平线号探测器，在 2015 年 7 月 14 日飞掠冥王星，拍摄到了最清晰的冥王星照片。

> "自 2006 年起，冥王星只不过是太阳系的一颗小行星，它的编号是 134340"。

什么是矮行星？

由于逐渐发现了大量与在海王星之外的轨道上运行的冥王星体积相似的小型天体，国际天文学联合会在 2006 年决定，根据其体积和轨道环境，把太阳系的所有天体分为三类：行星、矮行星和小天体。

太阳系的天体若想获得法定的"矮行星"名称，必须满足以下条件：

☆环绕太阳公转。

☆有足够大的质量，其自身的重力要超过固体内聚力并保持流体静力学平衡；简而言之，它应该是近似球形。

☆未能清除其临近轨道的其他天体。

按照这样的定义，无法给矮行星的体积或者质量设定上限或下限。因此，某一颗比水星更大更重的天体，只要没有"清除"其临近轨道的其他天体，就可能被归类为矮行星。如作为下限的标准，关系到保持流体静力学平衡，但却很难确定使这个天体保持这个状态的测量数据。冥王星的质量确实让其保持流体静力学平衡，但它却没有把它的轨道空间全部让给因为与海王星产生共振而在那里运行的许多小型天体。

国际天文学联合会已放弃使用"小行星"的称谓，它曾经被用于命名小行星群中那些最大的个体，如谷神星（CERES）。要知道，这颗天体自从 1801 年被发现以来，曾长期被认为是一颗真正的行星！迄今为止，国际天文学联合会只认定了五颗矮行星：谷神星，为小行星带中唯一的矮行星；还有在海王星轨道外运行的另外四颗（包括冥王星），都可以称得上是外海王星天体。这 4 颗矮行星按照距离太阳的远近分别为：冥王星、鸟神星（Makemake）、妊神星（Haumea）和阅神星（Eris）。

阅神星的直径为 2326 公里，是已知最大的一颗外海王星天体。它运行在一个极为倾斜并且偏心的轨道上（半长轴：67.67 天文单位）。它伴有一颗卫星戴丝诺米娅（Dysnomia），由此可以估计，阅神星的质量要比冥王星大 27%。但是阅神星并不是它的运行空间内的主要天体，恰好在美国天文学家迈克尔·布朗于 2005 年确认它之后，国际天文学联合会便决定建立矮行星这一类别。

　　至于卡戎，尽管它一直被认为是冥王星的卫星，但它的地位仍很含糊。由于这两颗星各自围着其相对面上的一点自转，所以这个系统可被认为是双星系统，这样一来卡戎也成为一颗新的矮行星。

🔍 柯伊伯带里面有什么？

　　我们在前面章节里讲述过柯伊伯带的形成过程，它的名字来源于荷兰裔美国人杰拉德·柯伊伯，他也像其他20世纪中期的一些天文学家一样，曾认为海王星轨道外存在着由小天体形成的星盘。这个区域由无数小天体构成，其运行区间远至距离太阳150天文单位。这个区域曾被认为是被称为短周期彗星的发源地（即在椭圆轨道运行一周不足200年时间的彗星）。柯伊伯带的存在，直到1992年在发现了1992QB1天体（编号15760）之后才得到证实，这是一颗在距离太阳40多个天文单位的近似圆形轨道上运行的小行星。

　　这是在继冥王星和卡戎之后被证实的第一颗外海王星天体。在此之后，又发现了数百颗类似的天体。某些天文学家认为，柯伊伯带可能汇聚了成千上万颗外形大于100公里的小型天体。目前，冥王星、鸟神星（Makemake）、妊神星（Haumea）是柯伊伯带唯——批被归类为矮行星的典型天体，而像创神星(Qaoar)、亡神星（Orcus）或伐罗那（Varuna），都和其他十几颗天体一样，成为这类天体的重要候选者。

　　与主小行星带中在火星和木星之间运行的那些小行星相反，柯伊伯带中的外海王星天体主要由结冰的挥发性物质构成，像结冰的丙烷、氨以及水。这些天体中，有很多还拥有一颗或多颗卫星，有一些甚至还是双星体系，这一类天体的所占比例（1%）也不可忽视，例如冥王星－卡戎这一对双星。另外，它们中还有很多在超出黄道面的轨道上自转。

　　在柯伊伯带中还有一些天体，在受到海王星引力的影响而被抛射出去以后，形成了另外一些被称为（黄道）"离散天体"的一族。它们都位于非常倾斜的轨道上，有时甚至与黄道面相垂直。矮行星阋神星就是已知最大的离散天体。塞德娜（Sedna）是另一颗大型离散天体（直径为 1500 公里），围绕着极为偏心的轨道公转，距离太阳 79 ~ 928 天文单位。它围绕太阳公转一周的时间因此超过 11 万年之久。塞德娜无疑是一颗矮行星，尽管它的准确形状目前还未为人知。

　　这些离散天体中，有一些甚至也被抛射到太阳系内。例如海王星的卫星海卫一（Triton），可能就是海王星这个大气体星球捕获的星体之一。人们也由此来解释这颗巨大卫星（直径为 2700 多公里）的逆行轨道，海卫一也因此成为柯伊伯带中的最大天体。天体物理学家们认为，海卫一起初也像冥王星一样，是一个双星体系的两颗伴星中质量最大的，因此更加容易被捕获。

🔍 关于奥尔特星云，我们知道多少？

　　爱沙尼亚天文学家恩斯特·奥匹克在 1932 年、荷兰天文学家简·奥尔特在 1950 年分别指出，长周期彗星形成于直至太阳系边界的球体云团，这片云团距离太阳有 5 万天文单位之遥。与之相比，最近的恒星比邻星（Proxima Centauri），距离太阳约 27 万天文单位。对于这个以为了纪念预测其存在的最著名天文学家之一奥尔特的名字而命名的奥尔特云，还没有直接的证据来证明它。它的大小与太阳的引力影响范围相符，因为超过这个引力范围，天体就会进入另一个恒星的引力场之内。

由于组成奥尔特云的天体尺度太小以及我们现有设备的限制，仍不可能对奥尔特云获得确切的观测结果，但是它的存在在科学界仍有一定的共识。奥尔特星云的总体质量与地球相当，可能包括数以兆计的在近乎圆形的轨道上运行的小型天体。它还被认为是真正的"彗星库"：人们认为，距离太阳 3 光年以内的一颗恒星经过时（大约每隔 10 万年发生的随机事件）所产生的引力扰动，可能对这些小天体的运行轨道产生了干扰。

它们中间有一些可能会被驱除到太阳系之外，与之相反，另外一些则会被推入太阳系内部。大型行星的引力又会把这些进入太阳系的小天体送入椭圆轨道，把它们拉向太阳，再把它们变成拖着长尾巴的彗星。这些彗星在从太阳附近经过之后，继续按着它们的轨迹行进，直到进入把它们带回奥尔特星云的轨道上。因此它们的运行周期都特别长，从数千年到更长。大型行星的引力影响也会增加它们穿越太阳附近的频率次数，让它们变成短周期彗星。

组成奥尔特云的小型天体可能形成于更为靠近太阳的区域，在这里受到巨大行星引力的交互作用而被抛到外部。天文物理学家们借助于他们极为喜爱的大量数值模拟，发现在太阳系初期，发生过大量的相互碰撞。大部分小型天体在到达奥尔特云之前就可能解体，而奥尔特星云只能由那些因为临近恒星交互影响而能够在近乎圆形轨道上稳定运行的天体所取代。这些恒星可能相离更近，而太阳无疑是在包含着数百颗恒星的星团中形成的。

这些在太阳系早期所形成的小型天体中的另外一部分，则会被抛射到木星轨道内部，由于产生的碰撞，这些小型天体给那里的大质量天体的运行造成极大影响。这就可以解释水星或者月球等星球表面那些错综复杂的火山坑，甚至地球表面存在的大洋。我们的地球起初肯定是一个炙热、干燥、布满岩石的星球，必须得到大量的水，地球才能冷却下来。

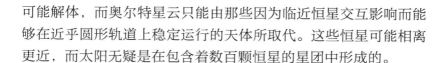

什么是彗星？

英国天文学家埃德蒙·哈雷是首位对彗星进行科学研究的人。他根据在 1456 年、1531 年、1607 年和 1682 年观测彗星所发现的相似特征，认为所出现的是同一个天体。1705 年哈雷通过应用牛顿刚刚建立的万有引力定律，确定了这颗彗星的轨道，并且预测了它将于 1758 年再次出现，以此奠定了哈雷身后的声望。

于是天文学家们承认彗星是太阳系的小型天体，其直径为数百公里，沿着一条非常椭圆形的轨道绕太阳公转。这样一来，通过使用开普勒定律可知，大部分时间都在太阳系边缘游动的彗星，都会定期回到太阳附近，此时就是在它漫长旅程中唯一能被人们看到的时刻。

今天，根据已经通过太空观测得到确认的假设，哈雷彗星的彗核应该是固体，其 2/3 是由冰（水、一氧化碳和二氧化碳）构成，其余成分是富碳的尘埃混合物，也就是像美国天文学家弗莱德·惠普尔在 20 世纪 50 年代初所说的那样，是个"脏雪球"模型。

由于彗星的轨道都是非常偏心性的，所以彗核都会长时间远离太阳，都非常寒冷。一旦它们接近太阳，其表面的冰就会变热并汽化，导致外观像一个气体和尘埃的包层，也就是慧发，彗星的这个名称来自希腊语 kome，意为头发。随着彗星接近太阳，慧发会变长。此时便会开始出现非常明亮的现象，这是由于气体形成的辉光和尘埃对阳光的散射造成的。

彗星越接近太阳，太阳风和辐射压力相结合的作用就越会吸引慧发，朝着太阳相反方向出现奇特的延长。于是彗星就会形成 2 种清晰的彗尾：

☆由彗星在运行轨迹上遗弃的尘埃形成的尘埃彗尾，呈内曲的形状。

☆由太阳射线中的紫外光发生电离所形成的等离子体彗尾。这些带电粒子对太阳风更为敏感，形成一条与太阳相反的更加平直的彗尾，其长度有时可达到数千万公里。

最为著名的彗星当然是哈雷彗星，它最后一次回归是在 1986 年。于是有一大批探测器整装待发，准备穿过它的慧发，以便收集一点头屑。1985 年 7 月 2 日欧洲发射的乔托号探测器（Giotto）在 1986 年 3 月 13 日以最近距离接近了这颗彗星。从乔托号上的摄像机拍摄的底片来看，哈雷彗星的彗核呈一颗大花生形状，长度为 15 公里，宽度为 8 公里。这些图片也让人清楚地看到了它朝着太阳方向放射出的尘埃束。

由欧洲乔托号探测器拍摄的 60 张照片合成的哈雷彗星
的彗核图片（© European Space Agency）

　　哈雷彗星并不是地球的太空探测器长期以来进行观测的唯一
彗星，太空探测器还飞越、掠过、甚至撞击过其他一些彗星，如
格里格－斯克杰利厄普彗星（Grigg-Skjellerup），博雷林彗
星（Borrelly），怀尔德二号彗星（Wild 2），以及坦普尔一
号彗星（Temple 1）。今后的几年里也将会有大批彗星造访，
天体物理学家们认为，对于这些小型天体的研究，可以为探讨太
阳系的形成提供独特的信息。

　　欧洲航天局的罗塞塔探测器在 2014 年 8 月 3 日拍摄的丘留莫夫——格拉
西缅科彗星（Churyumov－Gerasimenko）的彗核照片
　　注：罗塞塔是第一架接近彗星的太空探测车，它距离彗星不到 300 公里
　　（© ESA/Rosetta/MPS for OSIRIS Team MPS/UPD/LAM/IAA/SSO/
INTA/UPM/DASP/IDA）

最终还是欧洲借助在 2004 年 3 月 2 日使用阿丽亚娜火箭，在圭亚那的库鲁发射的罗塞塔探测器拔得头筹。罗塞塔探测器在 2014 年年初被重新激活之后，于 8 月 6 日被送入环绕丘留莫夫 – 格拉西缅科彗星的轨道，并将全面绘制这颗彗星的地图，然后将释放准备在彗星的彗核上着陆的一个叫做"菲莱"的着陆器模块。这个模块携带着所有现场探测的设备手段，通过在地面钻一个深度为 40 厘米的孔，对彗核成分进行分析。欧洲的科学家们希望借此了解太阳系的历史，就像两个世纪前以法国人让 – 弗朗索瓦·商博良为代表的埃及学家们，通过破解罗塞塔石碑和菲莱方尖碑上的铭文，从而解开古埃及历史之谜。

先驱者号的异常是怎么回事？

1972 年 3 月 2 日，先驱者 10 号飞行器发射升空，前往探索木星。它是第一艘即将穿越小行星带的太空飞船，足以证明了它的名称"先驱者"，因为大家都担心这样一艘纤小的飞船，要穿越这个空间会不会被细小的小行星击碎。1973 年 12 月，飞行器与木星擦身而过，继续朝着金牛座 α（毕宿五 Aldebaran）飞去，并将在 200 万年之后接近那里。

1973 年 4 月 5 日，它的双胞胎姐妹先驱者 11 号发射升空。1974 年 12 月，先驱者 11 号开始环绕木星，并借助这颗巨大行星提供的引力加速前往土星。它在 1979 年 9 月飞越土星，继续它前往太阳系边缘之旅。

20 世纪 80 年代初，飞行任务的控制人员发现，先驱者 11

号开始了比预计的更快的减速。这种减速一直到 1995 年探测飞船失去联系之前都被观察到。随后在先驱者 10 号那里也观察到了相同的现象，只不过是方向相反。这个现象由美国国家航空航天局（NASA）在帕萨蒂纳的加州理工学院的喷气推进实验室（Jet Propulsion Laboratory，JPL）的一个小组在 1998 年公布于世。

JPL 的专家们证实，两只飞行器发回的数据分析显示了它们不同于专家们按照天体力学原理预测的飞离速度。在它们飞往太阳系边缘的旅程中，似乎有一种可疑的力量阻止它们，从而造成减速，而不是像预期的那样。

怎样才能解释自那时起被称为"先驱者号异常"的现象呢？首先，可以肯定这不是太空飞船自身的问题，如燃料泄漏，或者飞船携带的提供电力的微型核反应堆，以及飞船内部任何其他热源所出现的非对称热量排放。专家们也考虑过是不是地面站的测量误差，以及历书的错误，或者时钟的偏差。

随后他们开始寻找导致这些异常的各种外部因素，如错误估算了辐射压力、太阳风、星际尘埃以及柯伊伯带小型天体所产生的影响。貌似所有可能性都没有遗漏，但经过各种核证，两只飞船的在轨数据仍然与理论预测存在差异。看来先驱者异常的现象还是一个难解之谜。

> **"先驱者异常现象是引力定律在远距离空间失效的第一个标志吗？"**

一些物理学家相信，这些异常现象只能是某种未知作用的结果，他们建议引力定律需要进行严肃的修订。先驱者异常现象是引力定律在远距离空间失效的第一个标志吗?

直到 2012 年,科学界最终达成了一个新的但毫无新意的解释,飞行器上的核发动机确实以均质方式进行排放,但其中一部分被位于太阳相反方向上的天线后背所反射,因此产生了朝向太阳的残留加速度。这个假设是由在喷气推进实验室工作的俄国物理学家斯拉瓦·特里谢夫 (Slava Turyshev) 所证实,他认为这样就彻底解决了先驱者号异常的问题。

🔍 抛向太空的漂流瓶要送给谁?

在 20 世纪 70 年代,NASA 设计了两只旅行者号探测器。那时正值"奇妙的间奏曲"时代,已经发明了避孕药丸,但艾滋病还没开始流行……在 1977 年夏末,就在杰拉德·福特把美国总统的宝座让位给吉米·卡特几个月之后,先后在卡纳维拉尔角发射的两颗泰坦号火箭飞向太空,每颗火箭都携带了一台旅行者号探测器。

这两台探测器的设计寿命为 5 年,但一直正常运行。它们在抵达太阳系边界之后,将继续朝着星际太空飞去。这两台旅行者号探测器,是人类送往太空的货真价实的"漂流瓶"。这两艘飞船作为人类派往星际空间的大使,携带着送给可能存在的智慧生物的信息。

NASA 并非在做一次尝试,因为两台旅行者号探测器就曾搭载了金属盘,上面刻有裸体的男人和女人图像,以及标明我

们所在的太阳系的一些图示，如太阳系在银河系相对于其他 14
颗脉冲星的位置，其中还有一幅氢原子的超精细跃迁图示，以
引导金属盘的潜在发现者能够利用这种跃迁的无线电频率与我
们联系。

外星人发现来自地球的信息之后深感困惑……

5 年之后，NASA 又故态复萌，试图以一种更加美国化的乐
观态度来优化这些信息。实际上，这些信息能够传到可能理解其
内容的生物手中的可能性微乎其微。这一次用的是一张铜质镀金
的数码视频光盘和播放系统，使用说明印在了这张光盘的铝制盘
盒上……

而收入其中的信息也确实比先驱者号更细致，很像一张内容
琐碎的货单。这些信息包括了代表我们环境的 116 幅图片，27
段音乐，55 种语言的问候，当时美国总统吉米·卡特和联合国
秘书长瓦尔德海姆的致辞，以及我们地球特有的一些声音。有趣
的是，这些信息里面也有错误，例如冥王星的大小……

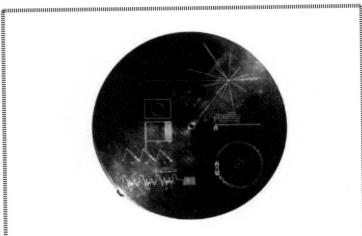

旅行者号探测器搭载的数码唱片封面。这张唱片是一个企图引起可能存在的地外生物注意的漂流瓶。所附的使用说明和某些符号也曾出现在先驱者号探测器搭载的金属板上（© NASA）

旅行者号探测器的飞行任务，利用了每隔 175 年才出现一次的行星排列成线的机会，这个机会提供了能够考察太阳系中 4 颗大型气体行星的条件。尽管最初获得的资金不足以用于飞向土星的任务，但 NASA 的工程师们还是设计了旅行者号一直深入到天王星和海王星的飞行路线。1998 年 2 月，旅行者 1 号已经比先驱者 10 号离我们更加遥远。它已经成为人类向恒星所发射的飞得最为遥远的太空飞船，比太阳系中任何天体都要遥远，甚至堪比最遥远的阋神星和塞德娜……

1996 年去世的美国天文学家卡尔·萨根，曾经是这个漂流瓶计划的主要创意人之一。他高度概括了这个计划的动机："这是我们向遥远太空传送的友爱信息，毫无疑问，其中很大部分将不会被识别，但是我们仍要将它发送出去，因为做一次尝试非常重要。"

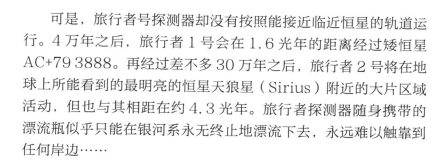

　　可是，旅行者号探测器却没有按照能接近临近恒星的轨道运行。4 万年之后，旅行者 1 号会在 1.6 光年的距离经过矮恒星 AC+79 3888。再经过差不多 30 万年之后，旅行者 2 号将在地球上所能看到的最明亮的恒星天狼星（Sirius）附近的大片区域活动，但也与其相距在约 4.3 光年。旅行者探测器随身携带的漂流瓶似乎只能在银河系永无终止地漂流下去，永远难以触靠到任何岸边……

太阳系的终点在哪儿？

　　人类总喜欢营造边界，而大自然对此却十分淡然。但是那 2 台旅行者号探测器在哪儿才能够发现太阳系的尽头呢？它们的境遇很像巴黎市中心的人在前往外省的路上。这些人最后所离开的居住区是哪里？穿过外环公路就可以了吗？当然不是！不过这种界限不仅构成一个真正的行政区域的分界，还更是一种令人畏惧的心理上的界限……

　　依此类推，可以在太阳外围发现第一层边界，也就是所谓的日球的外沿。专家们这样称呼这个球状腔体，太阳风对这里的介质肆无忌惮地高速狂扫（400 公里 / 秒）。这个球状的空腔体，一直延伸到距离太阳大约 100 天文单位为止。太阳风在这里已经难以吹动星际介质，其速度也从起初的超音速骤然下降。从这里开始就是日鞘，是一个呈椭圆形的震动过渡区，一端较窄（40 天文单位），另一端则较宽大。日鞘的边界就是日球层顶，这里就是星际空间的起点。

与巴黎市区延伸到外环公路一样，一些小型天体和其他矮行星也不满足于运行在日球顶层的狭窄区域，尽管很多人都认为这里是太阳系的尽头。我们在前文中已经看到，很多小型天体都在这个宽阔的界限之外运转，例如奥尔特星云，而它的边缘还要比这里遥远上千倍。在这样的条件下，必须要等待许久才能看到一架人类制造的飞行器穿越太阳系边界的界石，而那里实际上正是相邻恒星的势力范围的起点。

　　只要这两架探测器仍然处于良好状态，它们的核发电机还可以工作到 2020 年，NASA 已经决定要延长它们的任务，继而执行 VIM 任务（旅行者号星际探索任务，Voyager Interstellar Mission）。我们勇敢的旅行者号探测器又有了三个新的目标：研究日球外界，探索日鞘，尝试进入星际空间。

　　在 2007 年 8 月末，旅行者 2 号所进行的试验已经获取相当精确的数据，足以证实它确实已经多次穿越了日球的外边缘，并证明了这个区域并非很稳定。而旅行者 1 号无疑远比它的双胞胎姐妹更早就穿过了这第一道边界，但由于它携带的等离子分析仪失效，没能证实这个事件的发生。两架探测器在日鞘交叉而过，踏上前往日球层顶的旅途。

　　2013 年 9 月，NASA 大张旗鼓地宣布，旅行者 1 号早在一年前就已离开太阳系。还是不要搞错了！这个消息不过是造造声势。当然，如果只局限在太阳产生的电磁气泡这个概念上，那么旅行者 1 号探测器在日球层顶的探险历程确实已经抵达了外太空星际空间的起点。然而，如果依照严格的太阳系的边界的定义，也就是说探测器处在某一不确定的区域，可能是太阳的引力区域，或是其他临近恒星的引力区域，那样的话，探测器还需要 2 万多年才能消失在银河系里……

怎样前往其他星球？

目前还没有适合星际旅行的交通工具。我们只能借助科幻小说中想象的远程太空飞船，这些飞船一般都是利用了"超光速推进"的概念。这个概念的出现，首先让读者能够接受符合相对论原理的、在短暂的时间里能够完成相当遥远距离的太空旅行。

例如，"超光速推进"式的旅行可以概括为沿着虫洞旅行，这是在1935年提出的一种拓扑学空间结构，符合广义相对论的原理。由于没有中心奇点（与黑洞相反），虫洞可以允许毫无风险地利用非常有效的捷径，实现在较短的时间里进行相距极为遥远的两点之间的旅行，而又不超越光速。

超光速推进是在20世纪50年代阿西莫夫的小说里出现的，随后又出现在20世纪60年代弗兰克·赫伯特所著的《沙丘（Dune）》系列小说和电视连续剧《星际迷航（Star Trek）》中。近年来这个概念又出现在电影《星际之门》和《星球大战》系列里面。在这样的前提之下，超光速推进让我们能够人为地撕开太空的外表，打开一条虫洞，以便于我们在宇宙中任意驰骋。

虫洞的主要缺点是它们极为不稳定，它们可以在不到一秒钟之内闭合。美国理论物理学家基普·索恩在1988年提出，可以利用一种"奇异物质"来阻止虫洞关闭。和质量始终是正值的传统物质不同，对于一个以接近光速移动的观察者看来，奇异物质的质量表现为负值。基于这种独特性质，奇异物质可以引发一种特有的反引力使虫洞保持稳定，以便让太空飞船能够穿过虫洞。

第五章
我们的星系，银河系

星云就是云雾吗？

　　如同它的名字一样，银河看上去就像一条银白色的带子在天空中划过的一缕淡淡的云雾。直到 17 世纪初，伽利略使用望远镜观察之后，发现银河变成了无数颗星星。正如 19 世纪意大利耶稣教会教士、著名天文学家安吉洛·西奇（Angelo Secchi）神父所说，"与这个神秘云雾有关的延续了数个世纪的无数疑问，只在一瞬间便水落石出了。"

　　然而还有许多漫布天空的星星，例如，从 1610 年就被法国人文学者尼古拉斯·佩雷斯克（Nicolas Peiresc）所观察到的猎户座星云，就一直没有被发现是由一些星星组成的。在数个世纪里，多数天文学家都对此不太感兴趣，因为这些天体既不是行星，又不是恒星，也不是另外一种呈弥漫状的彗星。天文学家们只用一个含糊的统称"星云状"来形容它们，它的深奥含义也更显得云山雾罩。

　　被法王路易十五昵称为"捕彗星的小鼬鼠"的法国天文学家查尔斯·梅西耶（Charles Messier）列出了第一份星云列表。这也很有道理，在 1758 年 8 月，他曾错误地把一个星云当做哈雷彗星，那时候全欧洲的知识界都在翘首以待哈雷彗星的再现。他的专供彗星猎手使用的星表在1774年首次发表在皇家科学院的备忘录上。这是一份弥散型天体的列表，这些天体貌似彗星，但相对于恒星又是静止不动的。

在梅西耶的星云列表中，放在首位的是曾使他出现过错觉的星云。今天我们知道，梅西耶在星云表中排在第一位的M1，是离太阳很远的（6000多光年）一颗超新星在差不多迄今7000年前的爆炸所留下的痕迹。它所喷射的光芒直到1054年才到达地球，这在中国和阿拉伯的编年史中已有记载。根据这些文字，似乎这颗超新星的爆发在天空形成了一颗除了太阳和月亮以外最亮的星体。在查尔斯·梅西耶1758年发现它以前，这颗超新星爆发的遗迹曾首次由英国医生和天文爱好者约翰·贝维斯所观察到。这个星云的名称蟹状星云，是远在19世纪40年代，当罗斯伯爵威廉·帕森思三世在爱尔兰的比尔城堡观测到它之后所得名的，他使用的望远镜装有在当时可谓巨大的镜片（直径约2米）。他给这片星云绘出了一幅图，其形状与螃蟹相似。

梅西耶的星云列表第一版包括了45个天体，而在1784年出版的最终版收录了103个天体。梅西尔和他的助手皮埃尔·梅尚后来所发现的其他星云，都在后续的版本中收录为编号为M104～M110的天体。梅西耶的星表无疑是首部收集了太空中恒星以外的天体的文献。不过有趣的是，在那些非恒星天体的星表中唯一以法国人命名的星表，对于其作者来说，只不过是列出了一串极为诱人的天体而已。

在这份星表的第31位，是巨大的仙女座星系，因为有了梅西耶的星云列表，使它以编号M31而广为专业和业余天文爱好者所共知。我们应该谅解梅西耶和启蒙世纪的天文学家们没有搞懂 M31，它和星表中其他的涡状星云，如 M51，都像银河一样非常遥远。那时的天文学家们既没有设备来分辨这些星云是否由恒星汇聚而成，也没有工具来衡量它们的距离。

我们还是要归功于德国哲学家伊曼努尔·康德，他在所著的《自然通史和天体论》中，首先通俗地诠释了"宇宙岛"的概念，并由此开始了一场直至 20 世纪 20 年代才终止的辩论。在 19 世纪末期，曾经发现了天王星的德裔英国天文学家威廉·赫歇尔也非常迷恋星云，尽管他使用的大型望远镜有良好的分辨率，也没有在星云中辨别出恒星，他只好假设那是一些非常遥远的天体，如同宇宙中的一些岛屿，尽管他似乎并不知道康德的这个观点。

谁是大辩论的赢家？

直到 20 世纪初，支持宇宙岛理论、认为星云是遥远恒星形成的广袤聚合体的一派，和捍卫另一种观点，即星云是恒星形成基质的一派，处于相互争执之中。后者认为，我们的银河系就是宇宙的整体所在。这种哲学和科学双重性的争执，在大辩论中达到顶点，这场大辩论是指美国天文学家谢普利（Harlow Shapley）与寇帝斯（Heber D. Curtis）之间进行的关于宇宙距离尺度的公开大讨论。

这场大辩论是 1920 年 4 月 26 日在史密森自然历史博物馆的主厅进行的，这是在此 10 年前在华盛顿建成的一座新古典主义风格的高大建筑物，距离国会大厦不远。这场辩论的目的是这些像 M31 这样的涡状星云之间的距离。谢普利认为，整个宇宙只限于银河系，他所看到的 M31 与其他涡状星云，只是较近的涡状星际物质，在这里会形成新的太阳系。而寇蒂斯根据对仙女星座超新星的观察，却认为 M31 以及同一类型的所有涡状结构的星云都是一片广袤无边的恒星汇聚体，也就是说像银河一样广阔的天体集合，只不过在宇宙的位置更加遥远。

数年之后，当时最大的天文仪器，即威尔逊山上的虎克望远镜证实了寇蒂斯的观点。这架望远镜的大直径镜面（254 厘米）确实分辨出了组成 M31 星云的无数颗恒星。其中包括埃德温·哈勃 1923 年所发现的第一颗造父变星类型恒星。哈勃借助美国天文学家亨丽埃塔·莱维特（Henrietta Leavitt）对这类变星的观测成果，

造父变星（Cepheid）是一类特殊的变星，它的名称来源于仙王座的一颗恒星造父一（仙王座 Delta 星），英国天文爱好者约翰·古德利克在 1784 年发现了造父一的变星特性。

提出更加引人侧目的观点，把 M31 的位置推到了距离太阳 100 万光年之外……大辩论至此结束。

亨丽埃塔·莱维特 (Henrietta Leavitt)

　　她于 1868 年出生于马萨诸塞州兰卡斯特的一个清教徒家庭（她父亲是一个公理会教堂的牧师），受过良好的中学教育，之后进入哈佛大学天文台，参加了那里的青年妇女小组，当时的天文学家们总是使唤这些女孩来做一些男人们不屑一做的各种杂事。在 20 世纪初，让妇女做天文观测简直不可思议！所以莱维特被安排去系统研究天文台所收集的星体底片里面恒星的亮度，每周的薪水是 10 美元。莱维特小姐曾鉴别出大小麦哲伦星云的数千颗变星，现在认为这两个星系团是离我们的银河系最近的两个不规则的小星系。1908 年，她注意到其中的一小部分都是造父变星，其光亮最亮的是那些光变周期最长的。1912 年，在把研究工作进一步扩展到小麦哲伦星云的 20 多颗造父变星以后，莱维特小姐确定，这些造父变星的视亮度与其周期的对数呈线性递减。由于这些造父变星都是位于同一星系，所以离我们的距离大致相同。莱维特小姐意识到，她的发现可以用来估算那些能够发现造父变星的星系团的距离。这个距离标准还要得到校对。但这已经不是莱维特小姐的工作了，因为在那个年代，妇女在天文学方面的角色不是收集数据，而只是整理数据。于是这份功劳便记到了丹麦天文学家埃希纳·赫茨普龙名下，他在 1013 年测定出了银河系中一些造父变星的距离。于是他又利用莱维特小姐的周光关系去测算小麦哲伦星云的距离。尽管如此，亨丽埃塔·莱维特的名字仍与这个周光关系紧密相连，而这个周光关系也因让哈勃测算出临近星系的距离而声名远扬。

🔍星座是从哪儿来的？

　　无数明亮的星斗布满天空，景色美妙绝伦，但我们的祖先天文学家们并不知道那只是距离我们这个宇宙之岛最近的太阳，他们只能利用最明亮的星斗在天空中织出的一幅帆布，以试图确定星辰的位置。地球所有的文明都曾经这样形容星辰所显示出的最富特色的形状，最为常见的是他们根据自己所信仰的不同宗教来命名这些星辰。

数学家兼天文学家安德鲁斯·塞拉流斯所作的《和谐大宇宙》
中的天空图，上面标注了地球上方的南半球天空中的星座

　　任何一种人类文明都是这样把天空分成不同的星座，也就是根据人们能够在天空辨认出的那些比较出名的星群所构成的明显区域。公元 2 世纪，托勒密曾统计出 48 个星座，这其中很多都已被美索不达米亚人所确认。这些星座的数字一直到 17 世纪都

保持不变，直到欧洲航海家发现了只能在南半球才能看到的天空之后，才陆续增加了其他星座。这些发现了南半球天空的航海家们实在缺乏想象力。他们遗留给我们的这些星座名称就是佐证。让我们随便列举数例，像显微镜座、六分仪座、矩尺座，当然还有圆规座，都是他们在乏味的航行中摆满工作台的仪器。

最初，这些星座有两重用途，一是可以用于确定星辰的位置，二是占星术所用的标志符号，这反映了直到近代，天文学仍处于一种暧昧阶段，既是一种科学门类，又是一种占星工具。所以长期以来星座便成为真正的星空地图，用于在天空中进行定位。星座的数量以及其中一些星座的重叠，曾经引起了一些混乱，直到1930年，国际天文学联合会确认了包含全天88个星座的正式目录，才消除了那些混乱。

银河系里有多少颗星星？

银河系里大部分恒星的可视亮度都是最弱的。即使使用最好的望远镜也不能看到它们，所以根本不能进行计数。我们现在已经不再是托勒密时代，像他那样在亚历山大城例数所见的上千颗恒星，便在《天文学大成》中列出星表。若想对我们的星系所包含的恒星数量有一个概念，我们建议先估算一下它的质量，然后再把这个结果和恒星的平均质量相除。但是又要怎样估算银河系的质量？

数星星……

　　我们整个银河系都在进行恢弘的回旋运动，每一颗恒星都围绕着一个显著的中心点即银河系中心旋转。如果知道了距银河系中心距离为 D 的一颗恒星的公转周期，通过简单的计算就可以算出以 D 为半径的球体所包含的这部分银河系的全部质量。再按照此方式去计算距离最远的那些恒星，就能够"称"出整个银河系的质量。通过对距离银河系中心非常遥远的 2000 颗恒星的研究，一个国际天体物理学家研究小组在 2008 年宣布，在围绕银河系中心大约 20 万光年半径范围的总质量约为 1 万亿个太阳质量。

　　但要注意！正如将要在第九章所要证实的那样，天体物理学家们认为，大部分"有重量的"物质并不存在于恒星之中。因此必须承认，按照绝大多数科学家的说法，银河系中的主要物质其实是以一种未知物质的形式存在，不过它已经有了名字，叫做"暗物质"。为了再回到我们的宇宙岛有多少颗星星的问题，再来看一下现有的情形：

☆银河系的总质量：1万亿太阳质量。

☆一颗恒星的平均质量：太阳质量的某等分，但是几等分？问题是那些数目极多的小质量恒星，到底占多大比例？为慎重起见，假设一颗恒星的平均质量是太阳质量的一半……

☆银河系中暗物质所占比例：肯定地说，这是最大的未知数！那我们就冒险一下，认为我们整个星系包含90%的暗物质……

> 天文学家们有更适合他们处理天文数字的特殊计量单位。我们已经见过那些长度单位有天文单位、光年。对于质量和光度（或者照射强度），天文学家们则求助于太阳，使用太阳质量，符号为 $M_\odot$（$1M_\odot = 1.99 \times 10^{30}$ 千克），以及太阳光度，符号为 $L_\odot$（$1 L_\odot = 3.86 \times 10^{26}$ 瓦特）。

最终结论：我们得到的数字是2000亿颗恒星。当然你也清楚，这确实是一个按照系数大约为2的粗略估算……

🔍 我们的星系是一条无尽的螺旋吗？

如果银河系的质量仍然不能确定，那么它的形态又是怎样呢？即使我们作为星系的一部分，也并没给我们提供一个能轻而易举地判断它的形状的视角。那么最好还是到它的外部去。身处宇宙岛的外界，我们只能看到一个局部，因为我们的视线看到远方时会受到星际尘埃所限，这些尘埃吸收了可见光波长所发出辐射的绝大部分。

我们现在的情形，就如同我们居住在一所房子里面，急于知道这房子的外貌，却又难以走出这所房子。当然，如果我们向窗外望去，我们会认为看到的周围建筑和我们的房子是一样的。

> "从我们星系的窗口向外望去，我们会看到很多其他宇宙岛。"

与此相同，从我们星系的窗口向外望去，也会看到很多其他宇宙岛。我们在下一章里面会详细介绍天文学家们所使用的星系分类标准，我们的宇宙充满了这些形形色色的星系。我们也要寻找到相同的标准来确定我们的银河系是哪一种星系。

首先，是这条穿越天空的银白色条带，银河一名也源于此。在空气纯净而又没有月光的夜晚，我们遥望远离人造灯光的银河，景色十分迷人。就像 1610 年伽利略一样，只用一架简单的双筒望远镜，人人都可以很容易地看到银河系中布满无数颗星斗。你甚至可以感到处在一个扁平结构之中，就像赫歇尔所发现的那样，并据此计算出恒星的数量。其实，赫歇尔对错各半。他的正确之处在于，我们确实处于广袤的透镜状环境之中，错误之处是，我们并不是位于其中心之处，而正相反。

银河系的可见部分给我们的印象确实是一个巨大的扁平结构，我们差不多位于其中心位置。这是由于星际吸附作用阻止了我们看到距离我们 1 万光年以外的恒星。因此，太阳周边也好像是一个圆盘状结构，我们处于其中心。若想穿过星际吸附作用，就必须在红外状态下去观察同一个银河系。这样我们可以发现，从边缘看去，银河系是由恒星构成的中央部分隆起的圆盘，我们位于它的边缘。

　　根据 2 微米全天巡天（2MASS，2 Micron All-Sky Survey）的恒星目录制成的近红外线全天全景图像。注：所展示的上百万颗恒星证明了银河系中恒星的极高密集度，并在接近中心部分更为密集。银河系部分的可见区域中，存在星际尘埃带的痕迹，阻挡了人类观察绝大部分更加遥远的星系。注意图像右下方的大小麦哲伦星云，这是距离银河系较近的两个小星系（© 2MASS/J.Carpenter,M.Skrutskie,R.Hurt）

　　既然我们的银河系呈现出盘子式的扁平结构，那么它就不是椭圆形的，这可以通过其中心由气体和尘埃组成星际云来证实，因为这些物质都没有椭圆结构。此外，数十年以来的无线电观测也证实了这一点，银河系存在着旋涡形的旋臂，环绕着其中心区域旋转。这些旋臂是不是发源于银河系中心或多或少呈球状的区域呢？这个曾经长期困扰着专家们的问题，今天似乎已经得到解答。我们的银河系所显示出的是带有条纹状的涡旋。

根据斯皮策 (Spitzer) 太空望远镜红外波观测数据所制作的银河系效果图（© NASA/JPL-Caltech）

因此一共有三个不同的部分交织在一起构成我们的银河系，或者至少是由恒星组成的区域：

☆一个圆盘（半径 60000 光年，厚度 1000 光年），其中的星体包括一些年轻的恒星和寿命较短的巨星。这些大质量恒星见证了扫过圆盘的引力波，它们质量大，因而非常明亮，形成了旋臂的结构。

☆中间隆起并延展的部分（尺度为 6000 光年），这里的恒星要比圆盘区域年老得多。

☆宽广的晕轮（半径 65000

等离子体 是由于极高温度所形成的一种物质状态，例如原子失去部分或全部电子。这种在地球上很罕见的物质的第四态，倒是可以在闪电时看到。不过在宇宙中的绝大部分星体都呈这种形态，诸如恒星和一部分星际太空。

光年），这里的恒星都是老年恒星。

而这一切又构成更加广阔的晕轮（半径 200000 光年），组成成分为占银河系总质量 90% 的暗物质。

这幅肖像的最后一抹：银河系中的全部恒星都围绕银河系中心旋转，在圆盘区域的恒星，运行轨道很圆。太阳距银河系核心相当远（25000 光年），它公转一周需要 22000 万年……

大质量恒星内部发生了什么？

我们曾在第二章见证了太阳的诞生，它是由星际云自我坍缩而产生的。我们介绍过的这个过程对于银河系圆盘中所有不论是最小的还是最大的恒星，都有意义。我们也描述了我们的恒星太阳最终阶段的情形，它跌宕起伏的衰老过程，以及最终衰变成为还没有地球大的白矮星的结局。不过请注意！只有像我们太阳这样的恒星才会沿着这个过程变化，大质量恒星（超过 8 ~ 10M⊙）的最终阶段将会变成一场灾难。

> **中微子** 是一种基本粒子，沃尔夫冈·泡利在 1930 年描述 β+ 衰变时设想它的存在，但只是在 20 世纪 50 年代才被正式探测到。中微子质量极小，不带电子，只与弱相互作用力发生作用，这使得它可以穿透物质介质，甚至是最致密的物质，而与之发生作用的概率又极为微小。

让我们拿一颗质量相当大（20M⊙）的美丽恒星，来举例说明它的形成过程。像所有恒星一样，它是由失去电子的原子构成的一个气团。让我们进入到它内部。设想我们从这个等离子体中分离出一小部分，那么在这一小块恒星上有什么作用力呢？你肯定会说是引力，这很有道理。但是这一小块物质却没有处于某种固体表面，那么它只能向其中心下沉，于是这一整块都随之而去。这颗恒星还未等到形成就将要自我坍缩了！

然而那些恒星仍然存在着！我们这一小块恒星一定有一种力来抵抗引力，但又是什么力呢？对于任何恒星，其中心即是高温和压力所在，并在原子核之间引起自发的核聚变反应。在这个热核反应堆中心，就像太阳中心一样，最初发生的反应就是氢核发生聚变生成氦，即 4 个氢核聚变成一个氦核。你回忆一下，一个氦核的质量要比 4 个氢核质量还小。尽管质量相差很小，但是根据质能方程 $E=mc^2$，一丁点质量也会变成很大能量。

恒星反应堆所产生能量的主要释放形式是中微子和伽马射线。中微子在恒星中随性传播。与之相反，在这个由带电粒子构成的中心区域，伽马光子则处于相互作用之中。由于恒星中心产生的这些光子被不断吸收又被重新释放，在它们向外部发射的过程中便逐渐失去能量。这对于我们前

> 尽管与电磁射线的其他组成成分相同，伽马射线（或称伽马光子），更被看成是粒子，其能量强度用 eV（电子伏特）表示，($1eV=1.6\times10^{-19}J$)。

面假设取出的一小块恒星的中心来说，也是同样的情况。这一小块恒星和其余部分一样，光子要释放出抗衡引力作用所需的能量。只要核反应一直持续，恒星就会一直保持稳定。

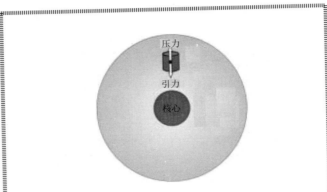

我们设想的一小块恒星物质，在两种对立的力的作用下保持平衡：引力使其向内部坍缩，而核心发出的射线压力又把它向外推出

　　再看看我们上面举例的恒星，我们选择的是一个质量极大的恒星（20M☉），这样的话，它的核心可以保证一连串的聚变反应，这类反应大多不会发生在太阳中心，因为那里缺乏合适的物理条件（温度和压力）。一切都开始于氢的聚变和氦的合成。这一阶段时间最长，大约为 1000 万年。随后发生的是碳的合成过程。接着便是聚变连锁反应，产生越来越复杂的原子核。

大质量恒星最终会怎样？

　　当开始合成铁的时候，大质量恒星核心的物理条件就会有助于发生一系列现象，这些现象共同促使恒星面临灾难性结局：

　　☆核反应产生越来越多的中微子，这些中微子只对弱相互作用力发生作用，它们轻而易举地穿过恒星，并带走越来越多的不能再用于补偿引力作用的能量。

☆光子在使刚刚形成的铁原子核衰变时要消耗自身能量。最终光子的力量越来越小，难以与等离子体产生相互作用以保证恒星的平衡。

☆电子与质子在弱相互作用力影响下形成中子。

在辐射平衡被打破之后，核心将自我坍缩，而且越来越快，因为抵挡这种塌缩的电子不再存在。在电子消失之前，会产生一种压力——电子简并压力。当恒星核心失去这种压力支撑以后，就会秒速坍缩。它会形成一个巨大的中子团，并承受极大的压力。就如同你手心中紧紧攥着的一个网球，这种超级致密的物质一旦松开后，会产生极强的震动波，从而冲击恒星外壳，致使其达到很高的温度。随后便会发出强光（10亿太阳光度），这便是超新星爆发的鲜明标志。

> 在具有极大密度的物体内部，拒绝自己存在空间变小的电子会产生一种进行抗拒的压力，这种压力被称为电子简并压力。它的主要特征是与温度无关，不像经典气体那样，压力与温度成正比。

最终仅有的残留是一颗中子星，这种星的外貌足以证明使它成为中子星的奇特力量。它的尺寸非常小（半径大约15公里），和一颗普通的小行星一样。而它的质量（$2M_\odot$）仍旧是一颗恒星的质量。与之相反，对于那些质量更大的恒星，中子团的质量会超过一个临界值（$3M_\odot$），超出这个值，甚至中子所产生的电子简并压力都不再能够抵抗恒星的坍缩。什么都不能阻止恒星

史瓦西半径 是一个星体半径的极限值，小于这个值，任何力量都不能抵御引力收缩。一颗质量与太阳相等的恒星，它的史瓦西半径为 3 公里。

核心的收缩，它的半径将一直收缩到与它的史瓦西半径相等。其核心会坍缩为一个质量达到 3 到 10 个太阳质量以上的黑洞。

一旦发生超新星爆炸，恒星的绝大部分都会被抛射出去，这些物质会存在于太空之中，并随着时间的推移，逐渐混合到各种星际物质之中。于是这些星际物质中增加了从碳到硅等新的元素，这些元素都是恒星在其进化的稳定时期在核心中缓慢生成的。更重要的是，超新星爆炸最初阶段所出现的物理条件，还有利于生成从铁到铀、包括金和铅的其他元素，这些元素也将散布于星际物质之中。

我们的星系，和所有那些处于恒星增长期的星系一样，是一个不断演化的机体。来自恒星熔炉的各种宝藏使它的成分不断丰富，这些物质最终也将进入原恒星云之中。这恰好是差不多 40 亿年前所发生的事情，那时太阳刚刚形成，伴随它的还有一群行星。这些行星，包括地球，都是这些星际尘埃在某一刻凝聚起来的。

因为水的分子是由两个氢原子和一个氧原子组成的，喝水的时候，你就喝下了一些"大爆炸"——氢是宇宙最初时期产生的，也喝下了一点恒星——氧合成于大质量恒星的核心。

"一杯水，一个宇宙……"

银河系中心有巨型黑洞吗？

太阳距离银河系中心很远（25000 光年），这个中心即使用现代望远镜观察也只是个小点。具体来说，银河中心隐藏在星际物质的屏障之后。它的积累厚度也不超过卡片纸的厚度，但却足以阻挡能够利用最为强大的望远镜在可见光波段内所进行的一切观测。就像 20 世纪 70 年代初期，英国天文学家林登·贝尔和马丁·里斯所提出的那样，银河中心存在着一个质量巨大的黑洞，那么怎样才能证明它的存在呢？

解决办法是：在无线电波段和红外波段进行观测，这两个光谱段的射线可以穿透星际屏障。自从 20 世纪 30 年代发现银河系中心电波之后，人们已经对此进行了深入的研究。射电天文学家们实际上已经掌握了干涉测量法，用这种方法来进行极高的角分辨率观测最为有效。银河中心区域的详细图片就是这样由位于美国新墨西哥州的最大无线电干涉测量仪器——甚大天线阵（Very Large Array，缩写为 VLA）生成的。在图像的中心有一个很明亮的射电放射源。这里是射手座中最致密的，被称为人马座 A(Sgr A)。借助于 VLA 的非同一般的敏锐度，射电天文学家们在射手座 A 内部发现了一个亮点，这是一个被他们称之为 Sgr A*（人马座 A*）的射电源，那个用来装饰它的名称的星号能让人联想到它的形状。随后在毫米波段所进行的观测，计算出人马座 A* 的视直径为亿分之一秒弧度，那么该射电源的范围小于 1 个天文单位（小于 15000 万公里）！

人马座 A* 在天空的位置恰好与银河系活动中心的位置吻合，银河系中所有恒星都围绕着这个中心运转。无线电观测证实，人马座 A* 和银河系中心的相对速度是最低（低于 20 公里 / 秒）的。为什么人马座 A* 会如此保持静止，而周围其他恒星却高速运转（高于 1000 公里 / 秒）？唯一的答案是：能够发射出射电辐射的天体，其质量比一般的恒星要大得多。若想安稳地停留在银河系中心，必须要有超过 1000 倍于太阳质量的质量！

由于红外射线对星际屏障的敏感性要比可见光差得多，所以它可以显示出那些发红的冷恒星。最明亮的那些是红巨星，这些恒星核心的剧烈燃烧给它们罩上了一层不断膨胀的外壳。甚至在近红外线范围也可以发现大质量恒星，当然这些大恒星主要放射出蓝光，不过它们那难以形容的光亮也算补偿了它们不能在红外线范围发光的缺陷。

一个国际小组利用新一代红外线摄像机，拍摄了大量高解像度的人马座 Sgr A* 图片。通过把间隔几年的图片进行对比，这些天文学家们发现，在人马座 Sgr A* 附近的一些恒星在以高速度移动（接近 1600 公里 / 秒）。对如此高的运行速度的唯一解释，是存在于银河系中心的一个体积很小却质量巨大的物体所产生的引力。

小心黑洞!

如此小的体积竟有这样巨大的质量，只能意味着存在一个超级质量的黑洞。所有这一切都预示着银河系中心隐藏着一个质量为 400 万太阳质量的黑洞，而人马座 Sgr A* 正是这个黑洞在无线电波谱段的显现。

下一次碰撞会是麦哲伦星云吗？

麦哲伦星云是距离我们的银河系很近（大麦哲伦星云距离 160000 光年，小麦哲伦星云距离 200000 光年）的两个不规则的矮星系。它们是唯一能够用肉眼在南半球看到的星系。直到 16 世纪初，它们才被欧洲所知。实际上它们是由进行环球航行的费尔南·麦哲伦正式确认的，这两个星系名字也是由此而来。

一直等到 20 世纪和埃德温·哈勃的研究，大家才知道，它们是康德津津乐道的那种宇宙岛的两个小型样本。它们比银河系小很多，大麦哲伦星云中大约有 200 亿颗恒星，小麦哲伦星云中有 20 亿颗恒星。

最近的观测否定了麦哲伦星云是我们银河系的卫星星云的观点，这两个星云的相对速度很高。似乎这两个矮星系只不过是在我们的星系附近路过，在它们的运行途中发现的物质扩散痕迹也解释了银河所产生的唯一的引力潮汐作用。无论如何，银河系似乎不会与这两个星云发生碰撞。

银河系会与仙女座星系相撞吗？

仙女座星系 M31，是北半球能够用肉眼看到的唯一星系。1612 年，德国天文学家西门·马里乌斯借助一架天文望远镜首次对仙女座星系进行了描述。尽管它相对较近，但它的距离长期以来仍未明确。现在专家们一致认为它的距离稍大于 250 万光年。

从银河系的角度对仙女座星系的径向速度的估算非常准确，表明这两个星系正以很快的速度相互接近（超过 100 公里／秒）。因此它们可能会在几十亿年

> 一旦把视线确定为观测者与被观测物体之间的一条直线，这个物体的径向速度即是观察者视线方向所测量到的物体运动速度的分量。当这个物体接近观察者时，径向速度为负值，当这个物体远离观察者时，径向速度为正值。

之后相遇。我们将在下一章讲到星系之间的碰撞，这在宇宙中算是正常现象而非意外事件。因为很多星系之间相互距离很近，M31 就是这样，它与银河系之间的距离只是它的直径的大约 20 倍。与之相反，恒星之间的距离若与它们的大小相比则非常遥远，所以即使两个星系相撞，而两颗恒星相互擦身而过所产生相互作用的可能性则小之又小。

哈勃太空望远镜在 2007 年 2 月拍摄的相互接触的 Arp 87 星系对
（© NASA）

因此，M31 和银河的交会，将更像是场面宏大的相互贯穿，会产生一种"造星运动爆发"的连带效果。总之，最终无疑是两个星系相互融合，从而形成一个椭圆形的巨大星系。

🔍怎样寻找太阳系外行星？

系外行星，或称为太阳系外行星，也就是那些围绕其他恒星而不是围绕太阳旋转的行星，只是在最近才被证实的，在此之前的观测技术还难以发现这些行星。寻找系外行星实际上有很多棘手的难题：首先是寻找目标的大小，因为这些目标距离我们十分遥远，与其所围绕的恒星相比，亮度也非常暗淡。1995年底，米歇尔·麦耶及迪迪埃·魁洛兹宣布发现一颗围绕距太阳较近（40光年）的恒星飞马座51的行星。对于这两位瑞士天文学家来说，这是在上普罗旺斯天文台利用径向速度方法所进行的系统研究获得的完美结局。

人们都可以在声波中感受到多普勒效应的影响。行驶的车辆所产生的声音，如救护车的笛声，对于一个听者（如人行道上的路人）来说，会随着救护车驶近或远离而显得尖锐或低沉。这种相同的效果也会影响光波（电磁波），其波长也会随着光源的靠近或离去而缩短或变长。

　　径向速度测量法是基于对可能存在行星环绕的恒星进行的光谱分析。行星在环绕恒星运行时会引起恒星的周期性振荡，就像链球运动员的身体会随着链球的旋转而摆动。

恒星的振荡会导致其径向速度发生周期性变化，这种变化可以根据多普勒效应原理，通过对恒星进行光谱分析而发现。由于这样能够确定恒星的振荡周期，也能确定预想中的行星公转周期，天文学家们便可以推算出这颗行星的轨道和它的质量。不过这种方法只可以发现那些大质量且距离系外恒星较近的行星。这样发现的系外行星通常都被归类为像木星那样的大型气态行星，它们都因为距离母恒星很近，并因木星而得名，被称为"热木行星"。

如今，记录在册的系外行星已超过上千颗。如果说最初的发现是借助于径向速度测量法，那么目前所记录的大部分系外行星都是采用凌星法发现的。如果在侧面观察行星环绕母恒星的轨道，行星在恒星盘表面前方穿过时，它的移动会在

> "如今，记录在册的系外行星已超过上千颗……"

恒星亮度随时间变化的过程——也就是光变曲线——形成正交形，其幅度与行星和恒星的表面积之比成正比。大视角太空望远镜通过对上万颗恒星的观测，已经发现了许多这种行星凌星现象。

首例应用凌星法执行太空任务的是法国的 CoRoT 卫星（Convection, Rotation, transit planetaire，意为对流、旋转、凌星），它在 2006 年 12 月 27 日被发射到太阳同步轨道，这里可以让它不间断地观测某个恒星所在的区域。CoRoT 卫星载有一台天文望远镜（30 厘米口径），尽管很小，但可以极为精确地测量恒星的亮度。在 2012 年底终止运行的 CoRoT 卫星，发现了大批系外行星。其中最为知名的是一颗类地行星 CoRoT-7b，它由类似地球的岩石和金属组成，直径为地球的 1.7 倍。

而载有更大口径的望远镜（口径 1.4 米），同样使用凌星

法寻找系外行星的美国开普勒卫星，也已于 2009 年 3 月 7 日发射升空。像它的法国同行一样，开普勒卫星也被送入太阳同步轨道以便进行长期观测，到 2013 年中期，它已经观测了北天星座的天鹅座、天琴座和天龙座区域，直至卫星的定位系统失灵而迫使望远镜停止工作。

2014 年初，研究小组经过分析开普勒望远镜采集的数据确认，已经发现 715 颗系外行星，其中的 95% 直径都小于海王星。在 4 月份，宣布发现一颗地球大小的行星开普勒 186f。它的轨道环绕着一颗比太阳还小的恒星，公转一周的时间是 130 天，这使得它完全处于一个被称为宜居的空间，它的表面温度可以允许我们熟悉的生命所需的关键成分液态水的存在。

前往新世界

我们所处的广阔无垠的宇宙，包含了数千亿个星系，每个星系中又存在着数千亿颗恒星。现在我们知道的系外行星就有上千颗之多。这是否意味着打开了寻找地外生物的大门呢？确实，目前所发现的系外行星中只有一小部分看起来是宜居行星。不过，在可以预见的将来，随着技术的完善，可以让我们去寻找和探索能完全与我们地球相比的行星。发现新的世界是人类的极大渴求，但能够允许我们发现新地球的技术仍处于起步阶段。未来的太空探索仍然存在一些问题：新的发现会给我们带来什么改变？我们人类是不是宇宙中的唯一存在？我们是否已经准备好了与其他生物相见？地球的未来是什么？是否可以移居到其他星球？

第六章
布满星系的宇宙

宇宙中有多少星系？

1920 年的大辩论已经尘埃落定：我们的银河系只是可见宇宙中数百亿星系中平淡无奇的一员。天文学上的数字巧合，是可见宇宙中的星系数量，与银河系中的恒星数量一样多。宇宙把它所包含的绝大多数物质都集中在这些星系里面，这些物质即是组成我们自身的那些原子物质，也可以是神秘的暗物质。因此，星系就是构筑宇宙的砖石。

大部分星系都呈广阔的整体形状，天文学家们都按照其巨型结构的通用名来称呼它们。因此如此广袤的宇宙就由各种层级的天体聚合体而构成，从最基本的星系团开始，星系团又组成星系团集团或超星系团。这些巨型结构都重重叠叠地充满宇宙空间。

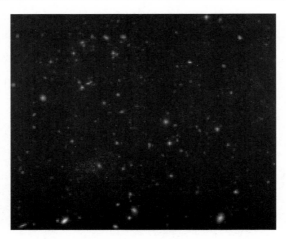

由哈勃太空望远镜拍摄的位于天炉座上空的深太空图片

这张图片由在 2003 年 9 月至 2004 年 1 月间获得的 800 张底片合成，被拍摄区域的前景没有银河系那样明亮的恒星，这样可以较好地发现远方发光较暗的天体。这幅图片的视野较窄，它包含的区域只等于在 1 米距离观察 1 毫米见方的地方！需要将近 1300 万张这样的照片拼接起来，才能够包含整个天空。而这张图片已经包含了上万个星系。其中一些最遥远的星系位于可观测到的宇宙的边缘，它们的光线已经走过了 130 多亿年（©NASA）

什么是哈勃音叉？

如同植物学家们一样，天文学家们一直希望把那些随着观测手段逐步完善而在天空中发现的天体进行分类。那些星系也没能摆脱这种分类的要求。天文学是一门观察的科学，归类的标准首先是视觉上的标准。所以那些星系首当其冲按照它们的形态来分类，也就是说，它们在望远镜里显现出来的外观。

埃德温·哈勃

　　1889 年生于美国密苏里州的马什菲尔德，后迁至伊利诺伊州。哈勃是儒勒·凡尔纳的忠实读者，年轻时各科成绩无论体育、数学或天文学都很优秀。在前往英国学习法律之后，哈勃在 1913 年回到肯塔基州的路易斯城作律师。当他意识到自己的真正爱好是天文学之后，便进入芝加哥大学的叶凯士天文台。1917 年，他因研究如何拍摄较暗的星云而获得博士学位。1919 年，耶基斯天文台创始人，美国天文学家乔治·海耳邀请哈勃前往加利福尼亚州帕萨迪纳的威尔逊山天文台，使用最新的胡克望远镜观测外太空，这架望远镜配有当时创纪录的大镜面（直径 254 厘米）。哈勃便这样开始了太空探测工作，直至 1942 年。在成为一名马里兰州阿伯丁试验场科学家为美国战争效力之后，哈勃又重新回到威尔逊山天文台工作，以后又前往巴乐马山天文台，并在这里首次使用最新型的海耳望远镜，这是当时世界上最强大的大口径望远镜（直径为 5 米）。哈勃一直工作到 1953 年去世。

　　美国天文学家埃德温·哈勃认为，星系都是由遥远的宇宙中巨大的恒星聚合体所组成的，他提出这种观点之后不久，便在 20 世纪 20 年代制订出了一种简单的分类方法。这个以从此闻名的、称作哈勃序列的图表为基础的分类体系，直到今天仍是专业天文学家和业余爱好者最常用的体系。这个由系外星系天文学之父哈勃所设想的分类法，因为是带有两个长齿的叉形形状，被称为哈勃音叉，这种方法把星系分为两大类：椭圆星系和漩涡星系。

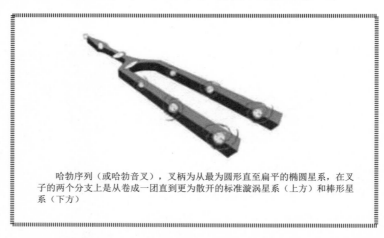

哈勃序列（或哈勃音叉），叉柄为从最为圆形直至扁平的椭圆星系，在叉子的两个分支上是从卷成一团直到更为散开的标准漩涡星系（上方）和棒形星系（下方）

椭圆星系中都没有星际云存在，而且不会有任何特殊的结构，其中心区域也不会出现逐渐减弱的闪光。哈勃序列用 E 表示椭圆星系，并根据它们长短轴角度大小，把它们从 1 到 7 进行分类，由接近圆形的 E0 开始，一直到最为扁平的 E7。

涡旋星系通常形状为两个逐渐向外伸展的旋臂，这种星系都形成一个较薄的恒星盘，它们的旋臂结构都是来自于中心密集区域，即核球，其形状很像一个椭圆星系。旋臂中都聚集着星际气体。哈勃序列法把涡旋星系分为两种，即标准的涡旋星系（代号是 S）和棒形星系（代号是 SB），棒形星系指那些中心隆起区域比较长的星系。两类涡旋星系还根据其旋臂的旋转方式分为旋臂形状紧收的 Sa（或 SBa）类和旋臂最为张开的 Sc（或者 SBc）类。

哈勃序列法在椭圆星系和涡旋星系汇合之处，那里存在的是透镜型星系，代号为 S0。这种混合体星系，很像一个由平坦但又没有显著涡旋形状的星盘环绕着明亮核球的星系。

这种哈勃序列归类法不包括那些没有明显结构的星系。天文学家们把这样的由明亮区域组成的星系称为不规则形状星系（代号是 Irr），因为它们缺少明显的对称结构和凸起的中心区域。专家们分别归类出 Irr-Ⅰ型星系，尽管它们也有着庞大的结构；再就是 Irr-Ⅱ型星系，它们完全没有定型的结构，也许只是一些处于不可逆解体状态的体系。

星系为什么会有颜色？

星系的光彩颜色实质上取决于组成它的恒星。当然，气体星云也能形成望远镜能看到的光团，但是所占比例很小。星系综合了所组成恒星的各种色彩，并会突出显示其中最为明亮的恒星的光彩。

恒星的质量越大，亮度越强，它所发出的光线越向蓝色偏移。不过，恒星质量越大，它的演变速度也越快。要想在其生命过程中一直发光，恒星首先要消耗氢。质量小的恒星，体积也很小，所需要的氢也很少，这种极少消耗也获得了报偿，因此它们能够存在上百亿年，只发出淡红色的光芒。那些质量巨大、个头也非常大的恒星，大肆消耗自身的氢，它们如此贪吃使其寿命短暂，因此那些质量超过 20 个太阳质量的恒星，其寿命只有几百万年。而那是多么慷慨，多么耗费能源！这些释放着强烈蓝光的恒星要比上百万颗太阳还要明亮。

星云之中恒星的诞生仍是个未解之谜。只要一个星系仍在产生新一代恒星，那么这些恒星中就会有很多大质量的个体，它们会非常明亮，其光彩亮度会超过那些小质量恒星。这样的星系，其整体色彩就会偏蓝。与之相反，那些全星系（或者星系局部）星群中造星过程已至尾声，只存在小质量恒星的星系，因为那些寿命较短的大质量恒星早已消失了，所以这些星系的总体色彩呈红色。

椭圆星系就是红色的，这说明那里已经不再生成新星。常见的理由是，它们已经耗尽了全部星际云，因为这是造星机制启动的环境所在。反之，如果说涡旋星系的旋臂和星盘都呈蓝色，那是因为它们的星际气体聚集区域在制造新一代的恒星，所以这些巨大的蓝色天体亮度极强。

星系的涡旋结构是怎样形成的?

涡旋星系的星盘，比如银河系的星盘，并不像 CD 光盘那样，是围绕自身旋转的一个整体。这种情况下，让人惊讶的是，在恒星群之中，涡旋结构保持不变，而其中心的旋转速度要比外围快很多。甚至可以这样认为，在这样一种差速旋转中，旋臂逐渐盘绕，直至紧密地盘旋在一起。但假如是这样的话，又怎样解释观察到的许多旋臂张开的 Sc（或者 SBc）类型的星系呢？

为了避开这个显而易见的矛盾，天体物理学家们假设那些旋臂不是实质性的物质，而是被称为密度波的东西在星盘中蔓延所留下的印记，其密度会随着这种波的路径而增大。这类似于人们在高速公路边上都能看到的现象，即交通繁忙时，路上既有快速行驶的小车，也有使车流变缓的货车。尽管小车与货车行驶的速度不同，但在临近货车的区间内车辆密度很高。

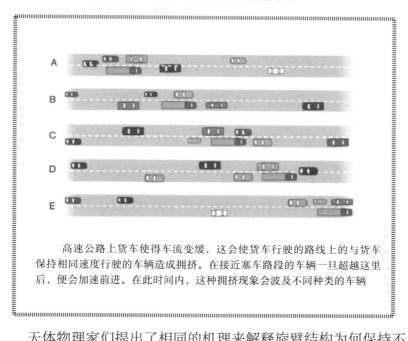

高速公路上货车使得车流变缓，这会使货车行驶的路线上的与货车保持相同速度行驶的车辆造成拥挤。在接近塞车路段的车辆一旦超越这里后，便会加速前进。在此时间内，这种拥挤现象会波及不同种类的车辆

天体物理家们提出了相同的机理来解释旋臂结构为何保持不变，尽管星盘在进行差速旋转。而密度波——也就是在公路沿途延续的拥挤现象——会一直持续，因为它影响着车流的通行。同样，作为密度波的旋臂，也会一直持续着经过星盘，因为它会对在星盘中相遇的天体产生引力作用。

尤其是星际气体，会在遭遇密度波时减缓速度。于是这又会造成旋臂介质密度的增强。一旦有星际物质聚集，就会发生产生恒星的活动。因此当密度波扫过星盘时，就会产生新一代恒星，如质量最大、亮度最强而生命又最短的恒星。所以这些美丽的蓝

色恒星只能在密度波延伸的尾迹中闪烁。而密度波的踪迹，也由这些一连串熠熠生辉而又转瞬即逝的蓝色恒星所表现出来。

什么是活跃星系核星系？

这是一些变化多样的星系，也有很多名称。不过天文学家们倾向于把它们归类为同一家族，即活跃星系核星系。正如它们的名字，这些罕见的星系（占宇宙星系的 1%～2%），在接近星系核区域有着极为强烈的活动现象，特别是以相对论性速度喷射物质。

> **相对论性**　这个形容词适用于所有速度接近光速的物体。在此情形下，只有使用爱因斯坦的相对论才能理解那些物理现象。

对活跃星系核星系的最初研究，始于 20 世纪 40 年代。年轻的美国天文学家卡尔·赛佛特曾发现某些星系的星系核有强烈的发光，并于 1943 年发表博士论文，论述了具有独特明亮系核的 6 个星系不能在照相底片上解析，其发光亮度极为偏蓝。

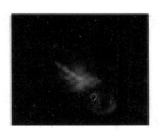

图为由美国钱德拉卫星在 X 射线波段拍摄的射电星系 Cen A 。这个位于半人马星座的巨大椭圆星系是距离最近（10^6 光年）的活跃星系核星系。它的星系核几乎都是气体和星际尘埃，中心是一个超大质量的黑洞（$10^7 M_\odot$），其位置与图片中心的亮点吻合，从此处产生的喷射一直蔓延 13000 光年（© NASA）

在 20 世纪 50 年代，射电天文学家们处于可见光范围以外观测的前沿。他们发现了上百个太空射电源，但由于他们设备的角分辨率很低，使他们难以把这些发现认作是已知星体。20 世纪 60 年代初期，天文学家们终于发现，这些射电源中有一些与望远镜难以成像的天体相吻合，即一些点状的恒星。这些像恒星一样的射电源被称为 QSO 或者类星射电源（quasars），即英文 quasi stellar object 类星体的缩略语，尽管这个称呼显得不甚确切。

"只有超大质量的黑洞所形成的物质吸积，才能够以如此微小的体积释放出如这么多的能量。"

实际上在随后的数十年间，天体物理学家们逐渐认识到，类星射电源只不过是一些极为活跃的星系核而已。直至宇宙边缘，都可以发现这些星系核，尽管已经很难辨认出其所在的星系，它在那里的样子看起来类似恒星，所以因此而得名。

对于天文物理学家们来说，吸积的含义是指物质被天体尤其是黑洞捕获的过程。当质量为 m 的粒子坠入一个黑洞，在它穿过黑洞视界之前这一阶段会获得能量，它所携带的能量 E 等于它的质能（$E=mc^2$）。大自然摄取这个粒子穿越黑洞界面所获得的能量而形成的机制，使吸积过程成为近乎取之不尽的能量来源。例如，一个吸积了等于太阳质量的物质的黑洞，产生的能量是太阳在其上百亿年运行期间所放射能量的上千倍。

如果类星体真是亮度超过其母星系的活跃星系核，那么它们是从何处获得令其如此明亮的巨大能量呢？天体物理学家们最终一致给出的解释却不乏大胆。他们最终认为，只有一个相同的物理过程为类星体的和其他类型的活跃星系核活动提供能量，也就是在超大质量黑洞（$10^6 \sim 10^9 M_\odot$）周围通过吸积而积累的引力能量。

活跃星系核标准模型

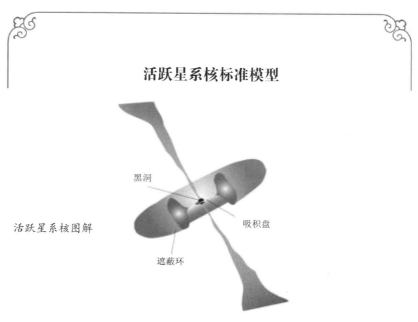

活跃星系核图解

黑洞

吸积盘

遮蔽环

对于活跃星系核中观察到的所有现象的最流行的解释展示了这些情形：即在星系的中心，是一个厚而不透明的气体和尘埃环，其中心是一个超大质量黑洞。黑洞在吸积周围物质的过程中，会在自己的周围形成一个炽热的吸积环，并在紫外线和 X 射线波段发出辐射。吸积机制会引发物质以相对论性速度喷射，并形成一个向两端喷射的体系。粒子的吸积过程就在两条喷射流中发生，这会在顺着喷射流的轴向方向引起全光谱段的辐射。不同类型的活跃星系核与观察喷射流和遮蔽环的视线的不同方向相对应。

这是唯一与最初看似普通的活跃星系核特征相符的假设：它们的亮度会随着时间而发生变化。这种善变的特征尤其可以在 X 射线谱段被发现，有些个体的亮度会在不到一天的时间内就发生改变。

活跃星系核的中心发动机会变得很小，以能够存在于一个不到一光年直径的球形之中。这就是问题的关键所在。只有超大质量的黑洞所形成的物质吸积，才能够以如此小的体积释放出这么多的能量。

实践演示

科学家在关闭他建造的人造恒星

怎样根据一颗恒星的光变来确定它的大小？

为了便于演示说明，我们假设一家先进的公司，有一位科学家在远离地球的空间建造了一个小恒星形状的空间站。

这是一个很大的（直径3公里）由网状梁架构成的球形结构，梁架上挂满了成串的电灯泡，就像新年街道两旁悬挂的装饰灯一样。每个灯泡都与控制中心的开关相连。实验是这样的：接通电源后，所有的灯泡会组成一个发光的球体，从地球看去，它和一颗真的恒星完全一样。现在假设我们的科学家开始恶搞一下，把开关关闭。所有灯泡同时熄灭。而在地球上的一位细心的观察者，会首先看到朝向他这一面的灯泡先亮起来，然后才看到另一边的灯泡亮，这一侧的光亮实际上多走了一段路，这段距离也就是我们这个灯泡星球的直径长度。观测者并不知道这个人造星球的尺寸，便测量了一下两个点的灯光变化的时间间隔：十万分之一秒。这样，他就可以毫不犹疑地计算出这个球形结构的直径，等于光在十万分之一秒所走过的距离，也就是 3 公里。

🔍 每个星系内部都存在超大质量的黑洞吗？

天文学家们会相信，大部分星系核，无论是否为活跃星系核，其内部都存在着一个超大质量的黑洞。实际上人们看到，几乎所有的类星体都是在遥远的宇宙深处发光，因此它们在时间上也是很遥远的。那么所有在星系刚刚形成时期就在星系中心发光的超大质量黑洞，到如今已有上百亿年之久，它们都变成了什么？其实，它们仍然

> "天文学家们会相信，大部分星系核，无论是否为活跃星系核，其内部都存在着一个超大质量的黑洞。"

在那里！证据就是：越来越多的天文观测说明，在邻近的多个星系（如 M31）的中心，都存在着超大质量黑洞。我们的银河系也不例外。我们曾经在第五章中介绍过能够证明银河系中心存在超大质量黑洞（$4×10^6 M_\odot$）的数据，其致密的 Sgr A* 射电源就是最为明显的佐证。

所以对于多数星系而言，其星系核内部隐藏着超大质量黑洞是一个规律，而非特例。星系核的活动只是过渡性的，这种状态可以发生在大量星际气体汇入母星系中心区域之后。物质流会通过吸积作用供养一个暂未活动而处于等待引发激烈活动的黑洞。两个星系的相互吞还可能会引发星际物质的汹涌奔流。

接下来的就又是那个无休止的鸡与蛋的问题：超大质量黑洞是在大爆炸遗留的原初气体中早于星系而成吗？ 它们是由未来出现的星系胚胎吗？或者反之：它们是由第一批恒星衰变而成的较小质量黑洞聚合而成的吗？越来越多的天体物理学家们更加倾向于第二种假设。在宇宙诞生的初期，第一批星系的出现早于类星体。

什么是星系团？

星系都会汇聚成含有或多或少成员的星系群体，而不是相互分散存在。已经发现一些只有几十个星系的小型群体，也有真正的集团，大到包含数千个星系。天文学家们习惯上把那些小型群体称为星系群（少于 50 个星系），而把星系团用于更大的星系群体。但无论星系群还是星系团，这些天体结构都由引力相互作用相联系，成为宇宙中形成的最为巨大的结构。

所谓的星系团，包含 50 个到上千个星系，呈现出可观的质量（$10^{14} \sim 10^{15}M_\odot$），而且这些星系团蔓延的距离也很可观（$5 \times 10^6 \sim 10^7$ 光年）。这些星系团都是被相互引力所吸引而形成的星系集群。然而这些拥挤在一起的星系的运行速度，如果仅仅由单一的引力作用影响，则显得太快（1000公里／秒），至少从它们的"能看得见的"、即可以从它们亮度推测出的质量所产生的引力来看是这样的。所以星系团的存在还意味着有另一种大量的成分：暗物质。这种观测不到的物质形式，我们将在第九章讲述。

> **"星系团的存在还意味着有另一种大量的成分：暗物质。"**

星系团的质量极大，足以吸引住其内部星系释放的气体，甚至是最热的气体，例如超新星爆发所喷射的气体流。这些气体在星系团中以等离子态积累起来，温度极高（$10^6 \sim 10^7$ 开尔文）。这一发射 X 射线的过热区域，会被星系团的引力场所包裹，天文学家们可以通过观察其发射的 X 射线来评价星系团的整体特性。这种气体的质量要比"可见"的质量大 2 倍，它在星系中扩散，以一种难以解释其存在的方式来保持星系团的引力平衡。总之，一个典型的星系团的质量结构如下：整个星系团中 5% 的质量为"可见"质量，10% 为包围着整个星系团的热气体的质量，其余 85% 的质量则是以暗物质的形式存在。

最引人注意的邻近星系团都是按照它们的外观来命名的（拉丁文）星座名进行分类的，如处女座（Virgo）或者后发座（Coma）。星系团和星系群还会以更加庞大的结构相结合，成为超星系团。天文学家们通过不懈努力所获得的数据认为：从最大尺度来看，宇宙只是纵横交错的众多星系团群体，在这个巨型网络的节点之处，则是一些最为密集的星系团。

什么是本星系群？

这是我们的星系——银河系——所在的星系群。本星系群有着多达 30 多个星系个体，其中最重要的星系是两个大型涡旋星系——银河系和 M31（仙女座星系）。所以本星系群的总体形状很像一个巨型（10^7 光年）的大质量（$3 \times 10^{12} M_\odot$）杠铃。

宇宙大力士抢起双臂举起本星系群

很多个椭圆形矮星系直接受银河系所制约。两个不规则星系

（大小麦哲伦星云）只是近期才接近我们的星系，并开始受到它的引力场影响。除了十多个不规则星系和椭圆形矮星系之外，比银河系质量更大的仙女座星系还控制着两个具有相当大直径的椭圆星系（M32和M101）。但还不清楚本星系群中的第三大星系，质量也位居第三的涡旋星系——三角星系M33是不是M31仙女座星系的卫星星系。

星系是怎样形成的？

在下一章，我们将会回顾一下自大爆炸之后已经过去上亿年的宇宙的最初岁月，这个时期形成了极其大量的暗物质，其中也包含着氢和氦构成的气体。这种气体逐渐凝结，形成了最初的恒星。也是在这同一时期，那些质量最大的原星系通过吞噬质量较小的星系，逐步发展壮大起来。

天体物理学家认为，这些星系之中的某个星系，在每次通过吞噬相邻的小质量星系而获得质量时，暗物质就会停滞在其边缘区域，最终形成一个质量巨大的球形光晕。而被吸入内部区域的气体则会收缩成一个很薄的急速旋转的圆盘。最后，会出现一个包括暗物质光晕和产生如银河系及其他盘状星系恒星的气体圆盘结构。

在宇宙诞生初期极为常见的星系相互融合，直到今天仍在发生。尽管这种融合的节奏变缓，但是这种星系之间的相互汇现象仍然很常见。我们曾说过，在这种大规模的相互穿入过程中，恒星会擦肩而过，而不会有直接相撞的危险，因为与恒星的大小相比，它们之间的距离极为遥远。

　　而对于星际云来说，就截然相反了。两个盘状星系相互穿入会增加星际云之间的撞击，这会引发真正的恒星爆发。因此某些星系的融合每年都会产生数量惊人的大到数千个太阳质量的恒星，这是银河系每年产生恒星数量的几千倍！这种超级快速的造星活动会迅速消耗掉全部可用的气体。以至于一些大型星系融合之后，确实会因此变得体积很大，但却完全失去星际物质。

　　而对于恒星而言，尽管它们没有遭受直接相撞，但它们的运行轨道却会受到两个星系相互穿入过程中始终存在的引力紊乱的严重影响。在这个过程结束之后，恒星轨道都呈现出极为不同的倾斜。总之，如果两个盘状星系卷入相互冲撞之中，那么在数十亿年之后，这两个星系将会成为一个失去气体的单一系统，而造星活动也将随之结束。于是这两个星系会变成一个拥有轨道紊乱的诸多老恒星的大质量星系，这是大型椭圆星系的一种典型状态。

　　因此，今天在遍布我们附近的宇宙空间的星系就是十几个原星系融合、又发生随机相撞之后的结果，这些相互冲撞形成了它们的外貌。因此，作为一系列杂乱的偶然事件的结果，星系形成过程的演变与哈勃音叉一致。

已知的最遥远星系是什么星系？

由于光是以一定的速度传播的，所以位于遥远太空的天体，在时间上也是在距今很遥远的过去。因此距离最遥远的星系也就是最早形成的星系。正如我们在前几页所述，这些星系都是质量很小的星系，因此它们的亮度要比一些现代大型星系暗一些。天文学家只好以最高的敏锐度来观测天空，以便发现从这些最遥远的小型星系传来的光芒极其微弱的光亮。

遥远天体的距离

距离的概念本身对于最为遥远的天体而言有着特殊的表现方式。天文学家们会依靠一颗天体发光所产生的红移来估算它的距离。红移是宇宙的膨胀把空间胀大，使得太空中逐渐远离的发光源所发出光的波长越来越长。天体物理学家们习惯于用 z 代表红移（英文redshift）。接下来天文学家们就要把测量到的 z 值换算成距离。对于较小的 z 值，只需要一个简单的比例法。而对于那些距离最为遥远的天体，就要应用到某个宇宙膨胀模型中建立的一些更加复杂的公式。为了说明极其遥远的恒星的距离，天文学家们更愿意只使用红移，而避免使用其他的距离单位，如光年之类，因为那些数据都是根据某个特定宇宙模型所获得的。

在最初的星系形成时期，它们会在可见光范围放射出大量的光线，但是随着时间的推移，宇宙膨胀使得光线向红光一端移动，甚至在红光以外。所以以后的研究应主要集中在红外谱段。不过天文学家们认为，这些最早星系的亮度极其暗淡，即使他们的最优性能的望远镜也难以捕捉到这些星系。不过，尽管大自然很少能听任天文学家的摆布，但还是帮了天文学家们一次，让他们能够发现最初的星系。

　　最简单的方法就是利用某些造星程度最高的原星系固有亮度的放大增强。z8 GND 5296 星系就是这样的情况，这个星系的光线红移在 2013 年 10 月测量时达到创纪录的 $z=7.51$。

　　设想一个位于宇宙深处、用最好的望远镜也难以发现的星系。如果有一个大质量天体，如星系团，拦截了观测视线，那么这个遥远星系射出的光线会因星系团周围存在的引力场而发生弯曲。在这样观察光线时，星系团就如同一块透镜。天文学家们把这种现象称为引力透镜。对于地球上的观察者来说，引力透镜会放大并增强遥远星系的亮度，让它的光亮更容易被发现，尽管因此产生的图像会严重变形（被弯曲、拉长）。

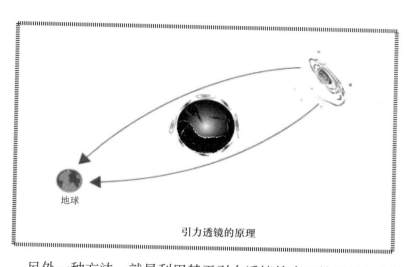

地球

引力透镜的原理

　　另外一种方法，就是利用基于引力透镜的真正的天然长焦镜头，引力透镜这一现象是爱因斯坦广义相对论中最为奇特的结论之一，也就是一个大质量物体会使得在它附近通过的光线发生弯曲。星系团就是最有效的引力透镜。所以，研究遥远原星系的天文学家们，应该特别精心地在那些质量最大的星系团边缘进行观测，因为星系会在那儿的星系团"透镜"产生的背景中汇聚成像。

　　测量红移也会显得十分困难，例如 A1689-zD1 星系，这个暗淡的星系是哈勃望远镜在 Abell 1689 星系团的边缘发现的。2008 年，天文学家们通过使用史匹哲（Spitzer）太空望远镜在红外谱段发现 A1689-zD1 星系后，认为这个星系的红移为 $z=7.6$。这样的红移数值意味着这个可能存在的原星系自从宇宙初创以来已经闪耀了大约 7 亿年之久。

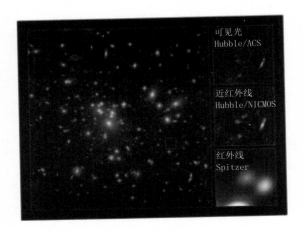

可见光
Hubble/ACS

近红外线
Hubble/NICMOS

红外线
Spitzer

　　由哈勃太空望远镜上的大视场摄像机拍摄的 Abell 1689 星系团图片。图中的白色方框标出了 A1689-zD1 星系在天空的位置。图的右侧是这个小区域在三个谱段中形成的影像：可见光谱段图像（右上，哈勃望远镜图像）；近红外线谱段图像（右中，哈勃望远镜图像）；红外线谱段图像（右下，史匹哲太空望远镜图像）。在这三幅小图中，圆圈所标出的位置就是 A1689-zD1 星系。这个信号源不能在可见光谱段观测到，而在近红外线谱段显示出较弱信号，在红外线谱段则显示出较强信号，说明它的红移程度极大（© NASA）

第七章
宇宙的最初时期

🔍 什 么 是 大 爆 炸?

尽管 Big Bang 被直译成大爆炸，但却和爆炸没什么关系。实际上这个词的错误程度和它的知名度一样高。大爆炸只是把宇宙最初看作一次爆燃，把物质射向四周，来填满被认为最初是空无一物的空间。然而这更是空间随着时间发生的膨胀，而且同时又一下子拉大了膨胀中产生的物质所形成的天体之间的距离。

但是历史有时具有惊人的讽刺意味，那是在 1949 年 3 月 29 日，英国天体物理学家弗莱德·霍伊尔 (Fred Hoyle) 在 BBC 的一个广播节目（"事物的本性"，The Nature Of Things）中提出了这个"大爆炸"的说法。尽管霍伊尔一直否认，但他不是为了嘲弄他极力反对的那种宇宙论才用了这个说法吗？

即使是政客也在讲大爆炸

　　不管霍伊尔的内心动机是什么，他发明的这个词汇，在今天却在为数不多的、成为不可或缺的标准天文学术语中占据了重要位置。总之，大众给这个"大爆炸"所赋予的含义，与科学家所定义的含义还是非常相近的。诸多例证之一就是，（法国总理）米歇尔·罗卡尔 1993 年 2 月 17 日在卢瓦尔河蒙路易的著名演讲中，还在呼吁"政治大爆炸"。他的用意毫无疑问，大爆炸意味着一个新世界的诞生……

有哪些证据支持大爆炸理论？

　　大多数宇宙学家认为，现今的宇宙是由一个极为致密和高热的形态演变而来，他们把这个初始阶段称为大爆炸（Big

Bang）。这个学说的成功基于以下三类独立的测量数据，这些都是无可争辩的：

☆对遥远星系的红移进行的测量证实，这些星系似乎距离越远，远离观测者速度就越快。这一膨胀现象说明，宇宙在其遥远的过去更为致密，温度也更高，就如同气体在被压缩时会发热一样。

☆对于宇宙中的恒星，尤其是最为遥远的恒星气体的检测结果表明，所有区域的氦比例相同（原子数为8%），证明了这种元素的重要性，也说明宇宙初期这一阶段的密度和温度都相当高，从而可以合成氦。

☆对来自天空各个方向基本均等的微波辐射进行的测量，这种辐射携带的证据说明了宇宙最初所经历过一段致密和高温时期。

在以上三种基础上逐渐形成的大爆炸理论，还基于以下两种公设：

☆在极大的尺度上（数百万光年甚至更大），宇宙是各向同性的和均匀的。对于宇宙学家来说，各向同性即是，无论从哪个角度看，都看不到宇宙结构的不同点；因此各向同性意味着宇宙

> **"宇宙是各向同性的和均匀的。"**

没有中心。而均匀则表示，在最大的尺寸上来看，任何区域的物质密度都是相同的；从整体来看，宇宙可以被看作是很平滑的！

☆物理学原理是普遍适用的：在地球上支配着所有自然现象

的规则，也同样适用于整个宇宙。像那些物理学常数（引力常数、电子质量、光速……）无论何时何地都是一样的。

大爆炸理论最终为德国天文学家海因里希·奥伯斯在19世纪初提出的一个佯谬提供了答案，这个佯谬是这样的："在一个在时间和空间上均匀、无限的宇宙中，每一道视线都应该看到一颗星星，

> **"物理学原理是普遍适用的。"**

但为什么夜晚的天空却是一片黑暗？"大约在那时的1个世纪之前，这一明显矛盾的情形就曾被一位瑞士天文学家让菲利普·卢瓦斯·德·谢索所思考。既然光的速度不是无限的，大爆炸理论确定了宇宙起点，便可绕过上述佯谬：只有那些光线传播所需时间短于宇宙年龄的星星才能被看到。

在一个已经存在无尽久远的广阔宇宙中，任何一道视线——此处是智利的甚大望远镜所发射的激光——都应该看到一颗星星。所以天空应该显得均匀地明亮（© ESO/S.Brunier）

哈勃是怎样发现宇宙在膨胀的？

我们在第五章提到，在 20 世纪 20 年代初期，哈勃就曾在多个旋涡星云发现一些造父变星类的星体，其中包括 M31。哈勃通过莱维特小姐 10 年前关于造父变星的工作成果，认为距离遥远的旋涡星云并不属于我们的银河系，而实际上是一些河外星系。

人们一般把发现星系的红移现象归功于哈勃。然而自 1910 年起，一些天文学家［如美国的维斯特·斯里弗尔（Vesto Slipher）］就已经进行了这一类的测量，并注意到几乎所有的旋涡星云都似乎远离地球而去。接下来哈勃首先与助手米尔顿·赫马森合作，建立了星系距离与其退行速度之间的比例关系。这个如今被称为哈勃定律的建立在 46 个样本基础上的经验比例关系，尽管十分简洁，但却相当具有说服力，并在 1929 年公之于世。

哈勃定律有时被诠释为多普勒效应。而后者确实可以解释因宇宙膨胀造成的距离越远就越快远离观察者的星系放射的光线所发生的红移（波长变长）。但实际上并非如此。在一个膨胀的宇宙中，并不是星系在移动，而是空间携带着所有的星系在扩张延伸。它们的红移更是一种广义相对论效应。广义相对论认为，一旦承认每个星系都在膨胀空间中的一个固定点，当整个宇宙扩张时，那么星系放射的光线波长也将变得更长。

🔍 是谁提出的大爆炸理论？

哈勃定律逐渐说服科学家走向一个基于膨胀宇宙的宇宙学。基于各种优势，大爆炸理论终于被所有人（或者几乎所有人）所接受。它的最初成果可以上溯到自 1920 年，借助于在此数年前广义相对论问世之后所出现的各种理论思考。爱因斯坦在他的理论中独自建立了自己的宇宙模型，但是由于美学原因（他认为星系间的距离应该是固定的），他发展出一个静态平衡的宇宙模型。

不过，1924 年，俄国宇宙学家亚历山大·弗里德曼提出了涉及膨胀宇宙的广义相对论方程的一个解。1927 年，曾经独自发现了弗里德曼的解的比利时教士乔治·勒梅特（Georges Lemaître）认为，星系相互远离的速度是由于宇宙的膨胀。自 20 世纪 30 年代初期，勒梅特神父为了解释宇宙的起源是其自身膨胀的不可避免的结果，提出了一个原始原子的假说，这个观点预示了后来的大爆炸理论。

乔治·勒梅特

　　乔治·勒梅特是一位现代宇宙学的先驱，他于 1894 年出生在比利时的沙勒罗瓦。他受过良好的教会中等教育，并进入鲁文天主教大学，直到 1914 年，他中断工程技术学习，自愿加入比利时军队。大战结束后，他转攻物理学和数学，并在 1920 年提交博士论文。他对第一次世界大战的恐怖非常震惊，便转入马里尼神学院，并于 1923 年接受神职成为神父。但他的神职并未影响他对科学探索的渴望。在神学院学习期间，勒梅特神父开始探索广义相对论的奥秘。1924 年他获得一份前往英国剑桥大学学习天文学的奖学金，成为亚瑟·艾丁顿的门生。此后几年他又前往美国学习（麻省理工学院，哈佛大学天文台），在那里开始了对深太空进行最后的深入观测。勒梅特回到鲁文大学后，被任命为教授，并继续深入研究宇宙的膨胀课题，并使这个课题成为新的物理宇宙学的首要论点之一。他身兼数学家和物理学家，对纯数学计算有着浓厚的兴趣，他直至 1966 年辞世，仍把数学作为科学研究的基本手段。

　　有人责备勒梅特把宇宙起源问题归结于哲学甚至神学的原因。但这并无大碍。他的动机其实是想要反驳英国天体物理学家亚瑟·艾丁顿，因为他当时的这位老师极力排斥勒梅特提出的宇宙有一个起点的想法。这位来自鲁文的天文学家，醉心于证实这个想法可以只靠物理定律来推论，于是他建立了由一个单一的原始"原子"蜕变而诞生了空间和时间的模型。勒梅特神父作为真诚的信徒，始终把自己所走的两条路——科学和神学——区分得非常清楚。他曾在 1952 年呼吁教皇庇护十二世，希望梵蒂冈教廷不要把宗教上的创世与他的原始原子假说混为一谈。

宇宙诞生时究竟发生了什么？

利用广义相对论的工具，可以退回到极为致密、高热的宇宙膨胀初始的某一时刻。广义相对论理论会产生一个难以成立的局面——专家们所说的奇点。在此我们再叙述一下宇宙起源之后的几个主要阶段，按照宇宙学家的最新推测，宇宙至今已有138亿年。

第 1 阶段

在这个第一阶段里，我们退回到宇宙膨胀最为致密和高热的状态。同时距离尺度也极短，短于某个值，即普朗克长度（1.6×10^{-35} 米），引力自此产生，并表现为无穷大，符合用于描述无穷小的理论。如今，即使世界上最先进的实验室里的物理学家们也仍未能成功建立这种理论。所以，宇宙的第一阶段尽管是无限短的，但在物理学上却显得极为重要，因为它本身独自构成了被宇宙学家们称为普朗克时期的一个宇宙阶段。

第 2 阶段

接下来的这个阶段，也极为短暂（时间为 10^{-7} 秒），仍为众多猜测的对象。对于宇宙普朗克时期之后的最为流行的场面描述，是一个迅速膨胀的均质环境，其密度、温度和压力都极高。在这个环境里将会发生一个突然的指数级膨胀扩张过程，在此期间，这个环境会极度扩张，从而解释了宇宙可见的显著均质性和同向性。宇宙的引力波背景（空间－时间的周期性变形）应该就是起源于宇宙的扩张。这也可能是大爆炸稍后出现的密度波动的根源。探测这些原始引力波成为现代宇宙学的重大挑战之一，因为这可以获得有关膨胀期的直接信息。

第 3 阶段

在膨胀期之后，宇宙变为等离子态，它内部的基本粒子及其反粒子将被卷入一个疯狂混乱的湮灭和物质化过程。在这个创造和消失过程的某一点，发生了一种尚未可知的反应，与对于基本粒子的反粒子相比，这个反应稍稍有利于基本粒子。宇宙在继续膨胀，直至开始冷却。于是粒子的能量降低，快速下跌至一些大型粒子加速器的水平。

一个具有某种负荷的粒子（如电荷）都对应着一个质量相同且负荷相反的反粒子。为了命名这种粒子，在其前面加上前缀"反"，但只有电子的反粒子被称为"正电子"。一个粒子和它的反粒子相遇后的结果，便是它们相互湮灭，这个过程会释放出两个光子，或其他粒子形式的微粒子质量的能量。首个反粒子是美国物理学家卡尔·安德森（Carl Anderson）在1932年发现的。这是由宇宙射线和大气中原子核发生碰撞产生的一个正电子。最近，物理学家们通过把反质子和正电子相结合，获得了反氢原子，他们已经开始研究这种物质的特性。

　　随后发生的事情就容易搞清了，因为通过物理实验，就可以对让那些粒子产生能量的反应进行研究。

　　又在一个极为短暂的时间之后（10^{-6}秒），基本粒子将进行组合，形成重子（质子和中子）和反重子（反质子和反中子），并且重子会稍微多于反重子。随后即会发生重子与反重子的大量湮灭，最终剩余下来的仅有少量重子（是最初数量的百亿分之一），而反重子不再存在。

第 5 阶段

　　一秒钟之后，在电子和它的反粒子——正电子之间又会出现相同的过程，从而使这些物质占有优势。

第 6 阶段

在宇宙膨胀开始的几分钟之后，宇宙的温度只不过 10 亿开尔文，其密度与大气密度相似。于是质子与中子相互结合，合成大量的氦核。这个过程被称为原初核合成，它会持续十几分钟，直到在宇宙膨胀的效应下，宇宙变得极冷、极稀薄，而使得这种聚变反应难以再次发生。

第 7 阶段

这种状况将持续数十万年，这个期间的宇宙还是相当热的等离子状态，其间混杂着自由电子和原子核。这时的宇宙仍然是混沌的，"白热化"的等离子态产生的大量光亮也不能穿透它。这些辐射只在等待与宇宙中的自由电子发生相互作用。

第 8 阶段

在宇宙的冷却作用帮助下，电子和原子核得以结合并形成最初的原子。这种再化合现象发生在宇宙开始膨胀不到 40 万年之后。这一时期的宇宙温度下降到将近 3000 开尔文，并不再有自由电子的存在，于是变得透明，可让辐射穿透并在太空中自由传播，从而形成今天被称为宇宙辐射的这种大爆炸的残留物。

一种元素的化学特性取决于它的原子核所携带的质子数量。在原子核内部，强相互作用力把质子紧紧地黏合在一起。不过尽管这种作用力很强大，也不足以抗衡携带相同电荷的质子之间的电磁排斥效应。为了保证其稳定性，原子核还需要一些中子。这是一些与质子具有相似质量的粒子，像质子一样可以降低强相互作用力，但不带电荷（因此得其名）。质子数量相同的原子核，即使所含的中子数量不同，也会表现出或多或少的稳定状态。含有相同数量的质子，但含有不同数量中子的两个或多个原子核，被称为同一种元素的同位素。核物理学家都习惯于根据构成其原子核的核子（质子和中子）数量来区分某种元素的同位素。因此，含有 6 个质子和 6 个中子的碳同位素就被称为碳－12，含有 7 个中子就称为碳－13。

什么是原初核合成？

原初核合成（或者大爆炸核合成）是指宇宙初始期制造氘原子核的过程，这是含量最多、最轻的氢同位素，它的原子核只有一个质子。

宇宙出现的第一秒，便成为一个光子池，里面跳跃着电子、质子

氘的原子核虽然只有一个质子，但它的化学性质却与氢相同。一个或两个氘原子与一个氧原子结合，可形成一个水分子。人们称之为重水，因为氘的质量是氢的两倍。

和中子，大约 7 个质子对应一个中子。这就是原初核合成的初始条件，这个过程是通过向已有的原子核中添加中子或质子来进行的。第一步，一个质子和一个中子相互接近得足够近，以便强相互作用力在很短的范围内使它们黏结起来，结合成一个由一个质子和一个中子形成的原子核。这就是稳定的氢重同位素氘的原子核。

这一步开始时，宇宙的温度仍然很高，这时刚刚形成的氘核便很快被充满能量的光子分解了。必须要等到 3 分钟以后，宇宙温度下降到一定程度，才使得氘核不再被破坏掉。

接下来，氘核与质子相遇次数越来越多。这样就出现了三种发生强相互作用力的核子，即氘核中的质子和中子，以及一个自由质子，而静电排斥力只依赖两个具有相同电荷的粒子，即氘核中的质子和那个自由质子。于是强相互作用力便毫不费力地战胜静电排斥力，形成了一个由 2 个质子和一个中子组成的新原子核。

毫无疑问，这就是一个氦核。它不过是氦-3，一种极少见的氦同位素。在宇宙洪炉的作用下，刚刚形成的氦-3 核将会与一个自由中子聚合成一个含有 2 个质子和 2 个中子的氦-4。

随后宇宙会慢慢冷却，在膨胀发生的 20 分钟之后，再也没有任何核聚变反应发生。于是在只持续了一刻钟左右的原初核合成过程结束之后，各种同位素的相对丰度将保持数千万年之久。

含量最多的当属氢-1（原子核数量为 92%），与之相比更少的是氦-4（原子核数量的 8%）。宇宙中肯定还有其他同位素，但都是微量。例如氘（氢-2）的含量只占十万分之一，而其他轻质稳定的同位素（如氦-3、锂-6、锂-7）就更加稀薄。

必须指出，为了更加完善，原初核合成还生成了一些不稳定的（放射性）同位素，如氚（氢-3），氢的放射性同位素，以及铍-7和铍-8。这些极不稳定的同位素很快就发生蜕变，有一些也会聚合到一起，并生成某种更高一级的稳定同位素。

顺便说一下，正是因为铍-8的不稳定性，初始核合成才能够产生那些被称为"轻"元素的原子核。实际上这些昙花一现的原子核难以聚合成更为复杂的原子核。所以不可能发生诸如铍-8原子核与氦-4原子核聚合到一起生成碳-12原子核这样的反应。

尽管如此，天文学家们却在宇宙中的许多地方都发现有大量碳的存在，比如我们居住的星球。碳甚至是除了氢、氦之外储量最多的元素！不过这个碳元素是在大质量恒星中心，通过适当的核反应，让每三个氦-4原子核聚合起来而生成的。在快速冷却的初始宇宙中，这种反应的进程是很缓慢的。而这是很幸运的事情，否则，原初核合成的过程最终将使宇宙中全部都是铁原子核……

什么是宇宙辐射？

这是从宇宙重组时期，即宇宙膨胀开始后不到40万年传来的一种电磁辐射（和光是一样的），那时原始等离子体中的原子核与电子正在聚合成原子。这种辐射与一个温度为3000开（开尔文）的物体所发出的辐射相同，而这个温度正是宇宙进行重组时的温度。按照适用于受热物体发生电磁辐射的原理，在那个期间的宇宙所发出的辐射，其首选波长接近数千纳米。

这种辐射充满整个宇宙。所以检测到的辐射似乎以相同的强度来自四面八方，它与宇宙本身紧密相关，其波长也随着因膨胀效应而发生的空间延伸而延长。现在，所发现的辐射波长为射电毫米波段（1.9毫米左右），它看起来与温度不到3000开（准确地说是2725开）的物体所散发的辐射相同。

> "同位素辐射的发现随即被认为是有利于大爆炸理论的决定性论据。"

俄裔美国物理学家乔治·伽莫夫在1948年就曾预言，大爆炸会产生残余辐射，由于膨胀效应，这种等同于温度在一定开尔文的物体所产生的辐射残留将充满整个宇宙。当时的天体物理学家们并未尝试去检测这种辐射，他们对他的观点不感兴趣，认为那只是一位过于热衷科普的物理学家的胡言乱语，而且他们当时更缺乏检测手段。

1964年，德裔美国物理学家阿诺·彭齐亚斯与美国天文学家罗伯特·威尔逊，为美国贝尔电话公司试验一台用于射电天文和卫星通信的新型天线。他们很快发现，这台设备在微波波段记录到一种显然难以解释的背景噪声，除非把它认定为伽莫夫16年前预言的宇宙辐射。这个发现尽管出于偶然，但仍让威尔逊和彭齐亚斯荣膺1978年的诺贝尔物理学奖。

同位素热辐射的发现随即被认为是有利于大爆炸理论的决定性论据，尤其是反对此说的宇宙学理论，也难以对这种背景辐射做出令人满意的解释。因此，人们通常用来称呼宇宙辐射的术语"宇宙微波背景噪声"，可以让人们更容易回想起当时发现这种辐射的情形。自20世纪60年代起，天文学家们不断在高频射电波段和长波红外线谱段观察到极强的宇宙背景辐射现象。但是在这个准确的范围内进行观测，对于天文学家们来讲也是一种真正的挑战。

实际上，作为地球上具有一定温度的物体，望远镜的所有部件所产生的热噪声也会对观测造成严重影响。唯一的解决办法是把设备冷却至极低温度。但又要避免结霜现象，只能把需要冷却的设备置于真空之中。这对于传感器是可行的，但对于整个望远镜来说则非常困难。不要忘记，观测视线中的空气也是热辐射噪声的来源……

> 偏振 是电磁波的一种特性，用来描述垂直于波的传播方向的平面上电场矢量（或者磁场矢量）的表现。

如果能够在太空飞船上进行测量，便可以显著减小这些局限。因为太空飞船已经不再受制于大气层产生的发热现象，这恰好是

影响地面望远镜的噪声源，即使这些望远镜被安置在诸如南极这样的最有利于观测的地方。而且还可以很容易让处于太空真空中运行的设备保持很低的温度，尤其当飞船位于太阳－地球的拉格朗日点 L2 位置时，因为这个位置距离我们 150 万公里，已经远离太阳的热辐射。安装在欧洲普朗克探测器上的大视野望远镜，就是在这个观测位置上，并在 2009—2013 年对宇宙辐射进行了前所未有的精确观测。

由普朗克太空探测器观测到的弥漫整个太空的宇宙辐射图。它显示了自宇宙膨胀开始，将近 40 万年之后宇宙温度的细微起伏（颜色深浅差异）（© ESA et collaboration Planck）

　　天文学家们一致认为，源自暴涨的引力波背景有助于宇宙背景辐射产生特别的偏振方式。由美国 BICEP（Background Imaging of Cosmic Extragalactic Polarization，宇宙泛星系偏振背景成像）项目设在南极的望远镜在 2010—2012 年间采集的数据中，就曾发现这种情况。很多专家都注意到了 BICEP 望远镜观测结果的范围，这种偏振现象可能是由于星系尘埃所造成的。

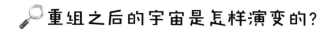 重组之后的宇宙是怎样演变的?

天体物理学家们把利用普朗克探测器生成的图像所显示的接近平均值（$T=2725$ 开）的微小温度差异解释为密度的一种波动。他们认为，在宇宙的重组时期，宇宙处于非常均质的状态。当然现今的宇宙也可称为均质化，至少在很大的尺度上来看是这样。这也是大爆炸理论所依据的公设之一。而在较小的尺度上，情况则非常不同，那些重大测量数据所能显示出的，是接近广阔真空的巨大层状结构。

那么如此均质的宇宙，在其开始发生膨胀的 40 万年之后，又会怎样向更加差异化的形态演变呢？这就是天体物理学家们试图搞清这种变化的关键，他们只知道这种演变的起始和终结，却不知道这个期间所经历的阶段。通过目前最为强大的计算机所进行的数字模拟，专家们将为我们描述出那些主要的过程。一直到重组阶段，物质与辐射之间的相互作用阻止了微小的密度波动的发展，这种波动与对宇宙辐射观测所发现的微弱温度差异是相容的。但是一旦原子核与电子组合成原子，密度波动现象便在成为中性的宇宙中迅速发展，直至形成一些具有矮星系大小的巨大团块。

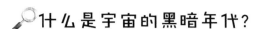

什么是宇宙的黑暗年代？

　　此时造星运动尚未开始，天体物理学家们把这个时期称为"黑暗年代"，这时的宇宙正在形成一些最初的结构。这样来形容确实恰如其分，产生最初结构形成的过程，看上去更加黑暗！天体物理学家们确实已经通

> **"宇宙中首先充满了暗物质。"**

过计算模拟出这个演化过程。但是，若想达到与观测结果相同的最终状态，他们只能假设宇宙中大量充满着暗物质。

　　研究宇宙演化的专家们认为，这种扮演着他们所认定的角色的神秘物质，应该是由质量很大但速度很慢的粒子组成。而运动速度慢则意味着温度低，所以这种物质又被称为"冷暗物质"，它是一种大量存在于宇宙中的黯淡成分，并组成了我们今天探索太空所发现的各种宇宙结构。我们在第九章还会谈到这种冷暗物质，并谈一谈它可能有的特性。

　　由于存在着大量的暗物质，最初的密度变化便由于其自身的引力效应而迅速加强。在将近一亿年之后，一些大小如同矮星系一般的结构开始显现出来。这些结构逐渐聚合起来，形成遍布宇宙的星系。那些现代星系，如银河系，都是由大量暗物质团凝聚而成。

　　而那些散布于原始星系的原子粒子，会逐渐凝聚、分裂，直至形成恒星。天体物理学家们认为，这些第一代恒星会像极大的天体那样，释放出大量紫外线。这种强烈的紫外线穿越周围空间，在所照射到之处，会破坏电子与原子核之间的关联。随着时间的

进展，宇宙又重新变成离子态。而这正是宇宙今天的现状。

与大爆炸理论相对立的是什么理论？

现在几乎所有的天体物理学家都认为，大爆炸理论是解释宇宙起源的最好方式。但也有例外。在世界大战刚刚结束，大爆炸理论（当时还只是基于单一的宇宙膨胀说）的拥护者与支持稳恒态宇宙论的部分物理学家便发生了一场激烈的争论。

这种与大爆炸理论并行的、也被称为连续创造理论的学说，是由两位奥地利物理学家赫曼·邦迪、托马斯·戈尔德和英国天文学家福雷德·霍伊尔在 1948 年提出的。前面已经讲过霍伊尔是在怎样的情形下，为了讥笑他所支持理论的对手而提出了大爆炸这一说法。到 20 世纪 40 年代末，膨胀宇宙理论已经成为共识，但邦迪、戈尔德和霍伊尔却提出了另一种说法，他们承认宇宙处于膨胀之中，但并不随时间而发生改变。

这种走向极端的宇宙原理的结果是，宇宙既无始点又无终点。但是为了避免在宇宙膨胀效应影响下而使宇宙的平均密度降低，这 3 位科学家认为，物质是被连续不断地创造出来。但是所获得的数量却十分稀少，大约为每十亿年每立方米产生 1 个氢原子！而且这种物质还是根据观测到的比例由氕、氦 -3、氦 -4 组成的。很不幸，对于恒稳态的支持者来说，只有大爆炸理论才能产生这些可观测到的大量同位素……

最终，由于宇宙背景微波辐射的发现，使得最具怀疑观点的物理学家们都倒向了大爆炸理论一边。当然，这种辐射在大爆炸理论范围内的理由越充分，恒稳态理论越难以找到有力的反驳证据。正如英国物理学家和宇宙学家斯蒂芬·霍金所津津乐道的那样，宇宙微波背景辐射的发现，使恒稳态理论得以盖棺定论。

然而，尽管其理论基础并不牢固，为什么恒稳态理论在 20 世纪 50 年代仍获得如此成功？其实，这无疑是因为它避免提出一些令人尴尬的有关宇宙创世的问题。在那个时代，很多科学家从本能上拒绝这种宇宙有一个起始的观点，那样一来，就会有人指责神创论者……实际上他们害怕科学会在此时此刻崩溃，而只能求助于上帝之手……所以就在冷战最严峻时期，这个理论尽管被苏联物理学家们有保留地认可，可却能够被美国人所接受！

神创论

　　这种理论认为世界是由一位万能的神所创造。这种学说是三种一神论宗教的基础信仰之一，这可以参考圣经和其中的创世纪。今天，现代神创论反对当今已被整个科学界所接受的由拉马克和达尔文在19世纪提出的进化论学说。神创论者认为，神在6天里创造了世界是唯一的科学真理，并全盘否认进化论理论，宣扬神在创世周创造的奇迹。尤其在美国，创世论在南部的几个农业州极为流行。创世论和进化论的冲突尤其存在于学校教育领域，由此发生过数起法律纠纷，并产生过一些冲突，每次都会令公众舆论为之哗然。

大爆炸之前又发生了什么？

　　即使是最出色的宇宙学家，也难以向我们描述宇宙的最初时刻。所以对他们的苛求徒劳无益，他们所能提供的只是一些大爆炸前期条件的轮廓。现在来看看通过他们大量不可证实的假设做出的推测，其中我们所知的一些推测认为，大爆炸只是多元宇宙发生的极为普通的一种偶然事件。

　　而对于俄国物理学家安德烈·林德和多元宇宙的支持者来说，这个大爆炸的工厂是一个我们所知的物理法则不再有效的空间。

因此那里的时间概念会失去意义：根本没办法说清某个事件发生在另一个事件之前或之后或同时发生。而且空间的概念也同样难以理解，空间只会成为一个量子体，可以是可观测状态的叠加，并在拓扑数据中呈现某种概率。在不同情形下，它会逐次显现为有孔洞或凸起的平面或曲面。

在很小的尺度上，多元宇宙会呈现为泡沫状，其中每一个微小气泡都会变成一个宇宙。由于能量波动的影响，气泡会出现一个膨胀期，进入到一个具有自身独特形态的宇宙中，也许会是一个我们这样的宇宙。

这些假设的弱点，是它们都不能得到验证，所以它们都被搁置在真正的科学方法之外。但是，这些假设却可以给我们提供一个美妙的方法，来解决我们的宇宙存在的最为棘手的问题之一，即我们的物理常数（例如引力常数，或电子质量），似乎被以某种方式进行调校，从而使宇宙的进化按照智能化进行。但愿宇宙形成只是多元宇宙中的一个普通现象，也不必惊讶我们所在的宇宙拥有自身物理常数，而且还产生了智慧生物。

第八章
黑洞

 黑洞是能吸收光线的天体吗？

黑洞……毋庸置疑，它可以称得上是天体物理学家提出的最为神奇的名词之一……但这并不是玩文字游戏，它确实是最黑暗的！ 我们可以在文献资料中找到不同的定义。实际上每个人对黑洞的想法都与它最准确的定义十分接近，也就是一颗密度极大、体积很小，能吞噬一切、甚至光线的天体。再夸张点讲，可以说黑洞是一个密度极大，体积很小的天体，能吞噬一切，它的存在就是证明。这确实荒谬，但却不太令人满意。这样的定义倒是挺准确，与科普知识很相称。但是，黑洞究竟是什么？

我们已经确定黑洞是存在于宇宙中的一个区域，一切无论是物质还是光线都不能从那里逃脱，接下来就要看一下它的深层本质。我们事先要提醒一下，黑洞是爱因斯坦的相对论的产物，而且是始料不及的产物。但是，非要有相对论物理学的文凭，才能理解黑洞的真正本质吗？

🔍 广义相对论讲了什么?

在开讲之前，请你先接受这个观点：时间和空间是宇宙中的两个基本概念。时间和空间对所有人都是一样的，也为所有人分享。由于它们基于平等的地位，所以可以用时空来形容宇宙的结构，即一个四维的空间，也就是我们所熟悉的三维空间再加上时间维度。

那么由空间距离除以时间间隔所定义的速度又是什么？空间的普遍性和时间一样，这意味着存在一个普遍速度，即对于所有观测者都一样的速度，而与他们的相对运动无关。以普遍速度运动的观察者在测量一个运动物体的速度时，获得的结果是相同的。这种情况看似平淡无奇，但其结果就不那么简单了。

请看：

☆普遍速度是有限的速度，不能比这个速度更快，只能接近这个速度。

☆一个以普遍速度运动的粒子，无论与什么相对照，都不是静止的，它不存在静止状态，它的静止质量也一样，所以也不存在。

这种普遍速度的存在，意味着存在着无质量的粒子，最为知名的就是光子，即光的粒子。那么就可以把普遍速度和光速归结为一，使其成为物理学上的一个基本常数，速度由字母 c 来表示。

现在来说一下引力。这无疑也是一种普遍存在的力，任何东西都不能摆脱它。所有有质量的粒子都受制于引力。即使是无质量的粒子，首当其冲的就是光子，其光线在引力面前也要发生弯曲。我们前面已经承认，无质量的粒子只能一直处于运动状态。有运动就有能量，也会有质量，这是根据质能方程 $E=mc^2$ 得出的，它已经首先用于解释太阳发光的原理。

牛顿引力定律的基本原则是，引力无论作用于任何物体，都会由这个物体的速度变化体现出来。我们刚才假设光子可以受到引力作用，而另一方面，因为这个粒子的质量为零，所以又会以普遍速度 c 传播。既然引力可以作用于光子，那么它必须能够产生作用而又不改变光子的速度……

现在我们发现了一个矛盾，而且很严重！光是怎样感受引力的呢？我们怎能只提到引力对光子的作用，而又毫不质疑光子仍以普遍速度传播这个事实？让我们设想一个软木塞被河水漂走的场景。当河水转弯时，木塞也随着转弯。木塞受到什么作用力吗？当然没有！但是，木塞的漂流轨迹却会随着将它随意漂起的水流转弯而转弯……

再来看一看光子。为了让这个比喻更完善，我们假设光子在空间"漂浮"。现在假设引力在时空中流淌。引力越强，空间 - 时间就越弯曲。当一个越来越大的质量收缩成越来越小的体积时，引力就会增强，所以在一个密度极大的天体附近，空间也变得弯曲起来，甚至光也不能逃脱……

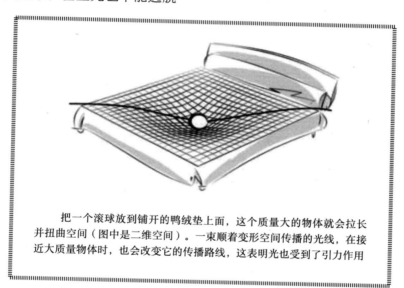

把一个滚球放到铺开的鸭绒垫上面，这个质量大的物体就会拉长并扭曲空间（图中是二维空间）。一束顺着变形空间传播的光线，在接近大质量物体时，也会改变它的传播路线，这表明光也受到了引力作用

好了！我们已经借用了以爱因斯坦广义相对论为基础的一些原则弄清黑洞的概念，即这是一颗极为致密的天体，它能够吸引住一切，甚至光。

阿尔伯特·爱因斯坦

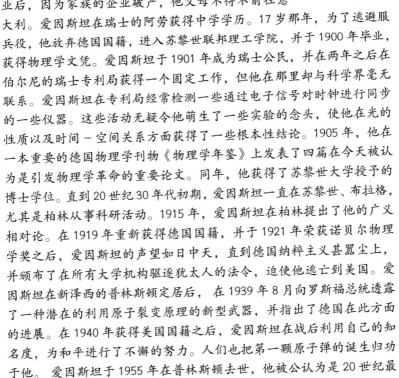

阿尔伯特·爱因斯坦1879年生于德国的乌尔姆。次年随父母迁至慕尼黑，他父亲和叔父在那里开设了一家小电子器材作坊。虽然他有些语言障碍，但在小学阶段仍不失为一名好学生。他在教会中学毕业后，因为家族的企业破产，他父母不得不前往意大利。爱因斯坦在瑞士的阿劳获得中学学历。17岁那年，为了逃避服兵役，他放弃德国国籍，进入苏黎世联邦理工学院，并于1900年毕业，获得物理学文凭。爱因斯坦于1901年成为瑞士公民，并在两年之后在伯尔尼的瑞士专利局获得一个固定工作，但他在那里却与科学界毫无联系。爱因斯坦在专利局经常检测一些通过电子信号对时钟进行同步的一些仪器。这些活动无疑令他萌生了一些实验的念头，使他在光的性质以及时间－空间关系方面获得了一些根本性结论。1905年，他在一本重要的德国物理学刊物《物理学年鉴》上发表了四篇在今天被认为是引发物理学革命的重要论文。同年，他获得了苏黎世大学授予的博士学位。直到20世纪30年代初期，爱因斯坦一直在苏黎世、布拉格，尤其是柏林从事科研活动。1915年，爱因斯坦在柏林提出了他的广义相对论。在1919年重新获得德国国籍，并于1921年荣获诺贝尔物理学奖之后，爱因斯坦的声望如日中天，直到德国纳粹主义甚嚣尘上，并颁布了在所有大学机构驱逐犹太人的法令，迫使他逃亡到美国。爱因斯坦在新泽西的普林斯顿定居后，在1939年8月向罗斯福总统透露了一种潜在的利用原子裂变原理的新型武器，并指出了德国在此方面的进展。在1940年获得美国国籍之后，爱因斯坦在战后利用自己的知名度，为和平进行了不懈的努力。人们也把第一颗原子弹的诞生归功于他。爱因斯坦于1955年在普林斯顿去世，他被公认为是20世纪最伟大的科学家。

🔍 是谁"发明"了黑洞？

爱因斯坦并不愿意接受这样古怪的天体的存在。这是和他一样的普鲁士皇家科学院成员，德国天文学家卡尔·史瓦西首先理解了广义相对论可以直推导出黑洞。

> **"时间无限膨胀，如同被冻结一般。"**

1915 年秋，大战席卷整个欧洲。身为柏林附近的波茨坦天文台台长的史瓦西成为德俄前线的一名炮兵军官，他通过阅读《皇家科学院报告》来打发空闲时间。史瓦西在收到 1915 年 11 月 25 日这一期时，注意到了爱因斯坦提出广义相对论的著名文章。作为出色的天文学家，他立即开始思考广义相对论所预言的有关空间结构在围绕一个大质量物体，例如一颗恒星时会发生的事情。在几天的时间里，史瓦西除了完成炮兵军官的职责，还计算出了接近恒星的时空所发生的弯曲。

作为他的计算的关键参数，史瓦西引进了一个临界球体，它的半径即为此之后广为人知的史瓦西半径。这个关键参数取决于特定恒星的质量。每一颗恒星都有自己的史瓦西半径。恒星的密度越大，它的半径就越接近于其史瓦西半径，其周围的时空所发生的变形就越严重。一旦这颗恒星的半径与它的史瓦西半径相等，那么其周围的时空会严重变形，使得恒星表面的时间无限膨胀，如同被冻结一般。然而随着时间的膨胀，这颗恒星所发出的光的波长也会变长。在恒星表面，波长会无休止地增长，光将不再存在。外面的观测者将看不到这颗恒星发出的光……

我们也可以这样说，一颗密度极大的恒星会在时空中形成一个洞，它非常之深，甚至光也难以从中逃逸出来。美国物理学家约翰·惠勒由此在 1967 年提出了黑洞这个说法。

没有什么能比球体半径等于史瓦西半径这一点更能说明黑洞的特性。这个球体的表面有一个特别的名称，即黑洞事件的视界，使我们的宇宙和与它不相连的区域相分离。视界之内所发生的一切不会对外界产生任何影响，只有时空会因为黑洞的影响而出现弯曲。实际上，A 点发生的事件并不能成为发生在 B 点的另一事件的原因，除非光在比宇宙年龄还小的时间里穿过 A 与 B 之间的距离。因为光也不能穿越黑洞的视界，所以黑洞永远断绝了它的内部与外部的一切因果关系……

> "黑洞的非物质表面——**视界**——把黑洞分成两个区域，视界的半径即是这个黑洞的史瓦西半径。内部区域不能与外部发生联系，而任何穿过视界的东西都不能后退。"

在结束这些极为特殊的天体的故事之前，我们再来看一看，当时的物理学家发现了黑洞的行踪之后，科学史专家们认为这个源自爱因斯坦的广义相对论的概念并非与《暗星》的概念无关，这个可是 19 世纪末那些牛顿的门徒所喜爱的东西。有几位大师，如可敬的英国人约翰·米歇尔和法国数学家皮埃尔西蒙·德·拉普拉斯，都认为存在着一种天体，"它所发出的光会被自己的引力吸引回来"。

这些设想的出笼，都借助于牛顿的另外一个观点，即光是由物质颗粒组成的，但最后被证实是错误的。直至 19 世纪初，科学家们对光的波动性的热情促使人们遗弃了光是由有质量的粒子组成的假设，大质量物体可以束缚光的观点也被抛弃……

🔍 真的有黑洞吗？

正如史瓦西所说的那样，黑洞的概念并不与物理学法则相对立。但是宇宙中真的存在这种怪诞的天体吗？这会不会只是人们头脑中的猜测呢？ 1939 年，美国物理学家罗伯特·奥本海默通过广义相对论原理证实，恒星中心的坍缩会导致形成黑洞。但是天文学家们丝毫未能找到任何可疑天体，可以用来证明恒星的坍缩现象。由于世界大战和曼哈顿计划，奥本海默放弃了对恒星坍缩的研究，因此这些纯理论性的研究也被束之高阁。

到了 20 世纪五六十年代，随着科技发展，尤其是火箭领域的进步，为天文学家们提供了通过射电波以及 X 射线和伽马射线来观测宇宙的机会。天文学的这种革命很快取得了大量成果，发现了许多越来越奇特的天体。

射电天文学家们以类星体的发现打开了新的局面，类星体即是我们在第六章讲到的超亮恒星。在 X 光谱段进行监测的天文学家，对银河系中最强的射电源 X 射线双星进行了严密观测。之后不久，对伽马射线谱段进行观测的天文学家们发现了大量伽马射线爆发现象，这是宇宙中最为猛烈的爆发。

这些现象都有一个共同点，即黑洞的存在似乎是最为合理的方式，有时也是唯一的方式，来解释如此强烈的射线辐射。在天体物理学家们手中的魔术棒的指挥下，这些尽管还没有被看到的天体，却能够在它们的周围引发极为强烈的现象，它们已经成为宇宙终极源头的发动机。

X 射线双星

在一个双星体系中——即围绕共同的引力中心运行的两颗恒星——有时会具备一些条件，使两颗星中的一颗通过吸积来俘获它的伴星的外层。这些围绕自身进行旋转运动而被吸积的物质，会以涡旋方式坠落下去，就如同洗手盆底部的水下泻一样。但当吸积星很致密的时候，在它的周围就会出现一圈等离子体物质环，即吸积盘。就像土星环一样，吸积盘的旋转并非一成不变，按照开普勒定律，靠近中心的物质单元的旋转速度要比外围的物质单元的旋转速度快。进行吸积的恒星越是致密，那些肩并肩以不同速度旋转的物质就会发生越强烈的摩擦。这种强烈的相互摩擦会导致吸积盘温度上升，尤其是在靠近中心辐射光最强的区域。只要吸积恒星体积小、密度大，内部区域边缘就会非常炽热，就会在 X 射线谱段发出强烈的辐射。这就是成为银河系中最强烈的 X 辐射源的 X 射线双星名称的由来。

有多少种黑洞？

黑洞的定义，即这个位于一个球体之内的天体的半径等于它的史瓦西半径，可以让我们想到任何可能密度的样本。尺度最小的是一些迷你黑洞，其质量约为 10 亿吨，它的视界和质子一样大。中等的黑洞，如恒星级黑洞（质量为 $3 \sim 12 M_\odot$），视界直径可达数公里。在尺度的另一边，是超大质量黑洞，质量巨大（为 $10^6 \sim 10^9 M_\odot$），它们的视界半径以天文单位计。观测证明，宇宙中存在着恒星级黑洞和超大质量黑洞，银河系中心就隐藏着这样的黑洞。

人们认为，黑洞是一种超级发动机。但要注意，这些极为活跃的个体只是无数的沉寂黑洞中显现出来的一部分。我们的星系中就存在着上百万个恒星级黑洞，而只有在 X 射线双星辐射出强烈 X 射线的数百个黑洞引起了天文学家的注意。

同样，恒星级黑洞的形成，也可能在宇宙范围内显现出一股剧烈而短暂的辐射，即伽马射线爆发。经过这个突发性阶段后，这个一般黑洞会一直隐藏在视界之内，完全与世界隔绝。最后要注意，按照同样的道理，星系核会隐藏一个超级质量黑洞，这似乎属于常态，但这些星系核极少会在其临近范围出现大规模活动。

怎样才能"看到"黑洞？

直到 20 世纪 60 年代末，天文学家们才开始搜寻黑洞。但要怎样扑打宇宙丛林才能从中驱赶出这个要猎取的、因为被视界事件所抛弃而完全隐形的猎物？只有一个线索，即对黑洞引力场连续不断地向其周围物质产生的引力效应进行追踪。

当一个质量为 m 的物质颗粒自由下降到一颗星球上时，下降速度会加快。它的能量就会以动能的形式进一步增加。如果这颗物质粒子要坠落到的这颗星球是黑洞，那么当它即将坠落到刚

好接近视界边缘时，其速度将接近光
速。于是这颗物质粒子所获得的能量
E 与它的质能相同，这符合能量 – 质
量的关系式 $E=mc^2$。但是怎样才能避
免这种能量不被卷入到黑洞的视界之
内呢？其实这样就可以了，比如吸积
过程可以形成一个圆盘来赌上一把。

> "吸积过程会使
> 黑洞会发射出耀
> 眼的闪光。"

这个温度极高的吸积盘，通过向四周发射高能辐射光，会把坠向
黑洞的物质粒子所携带的大部分动能释放出来。

　　吸积过程会使黑洞发射出耀眼的闪光。如果处于一个有利的
环境之中，一个较小的恒星级黑洞（质量为 $3M_\odot$）也会释放出
十万倍于太阳所释放的能量。但是要注意，这些光主要是远离可
见光谱段的辐射光。例如，一个较小的恒星级黑洞会主要在 X
光谱段产生大量辐射光。这就是为什么在搜寻第一批黑洞时，都
是依赖于空间观测，唯有通过在太空进行观测，才能够让我们观
测到那些大量辐射光都被高空大气层所阻隔的恒星。

第一个黑洞的发现

　　寻找 X 射线双星是发现一颗坍缩恒星最为有效的途径之一。接下来就是要确认它的性质，看它到底是一颗中子星还是一个黑洞。被认为最为客观的衡量标准，无疑是要确定它的质量。我们在第五章曾经看到，当一个质量达到临界值（3 M$_\odot$）的恒星核的坍缩会一直持续下去，直到它的直径低于史瓦西临界值。任何发生坍缩的恒星如果其质量高出这个值，就是黑洞。可是天文学家们还有更多的工具来衡量那些致密的双星体系恒星的质量，或者至少给它们指定一个下限。就让我们来看一下天鹅座最为明亮的 X 射线源天鹅座 X-1（Cyg X-1），它是在 1964 年使用一个安装在从白沙（新墨西哥）发射的火箭顶端的一个简陋的 X 射线探测器发现的。天文学家们很快确认这是一个 X 射线双星系统，它由一颗代号为 HDE226868 的蓝巨星和另一颗性质未知的大质量恒星组成。对 HDE226868 的观测表明，这个双星系统的另外一个成员的质量超过了疲劳极限（3 M$_\odot$），这就证明了天鹅座 X-1 中存在着一个真正的黑洞，这是一个首次被确认的黑洞。

黑洞能直接形成吗？

　　在伽马射线谱段进行的观测，提供了直接了解大批恒星级黑洞形成的机会。在第五章我们了解了大质量恒星的最终阶段，此时的核反应已经不再能够与引力对抗。我们也看到它的星核坍缩，直至演变成一个黑洞。在某些条件下，也会出现我们曾经说过的在活动星系核中心的超大质量黑洞附近所发生的现象。

作为一颗新生的恒星级黑洞，它的周围还环绕着恒星残余，而它刚好形成于这些残余的中心，它会造成一种两极系统，以超相对论速度进行双向物质喷射。由此会产生两股射线，这两股射线成为宇宙中最为明亮的射线的一部分。第一股快速射出的射线，是主要在伽马射线谱段发出的，用来形容这种现象的名称因此被称为伽马射线爆发。这股射线既短促又带有超强能量，标志着在喷射物质内部发生的强烈的相对论级的相互冲击在消退。随后就是第二次的辐射，这是一次残余辐射，亮度会逐渐减弱，它是在物质喷射流与周围的物质之间相互冲撞时产生的。

伽马射线的短爆相当强烈，所以在 20 世纪 70 年代初期就被简单的空间探测器所发现。而直到 20 世纪 90 年代末才发现了长爆，因为这种爆发的辐射范围包括了多个伽马射线谱段、无线电射电和 X 射线，从而为了解伽马射线爆发的真正特性所进

> **"伽马射线爆发是宇宙中最强烈的宇宙爆炸。"**

行的观测开辟了道路。今天，天体物理学家们掌握了数千次伽马射线爆发的大量数据，这也意味着宇宙深处大质量恒星发生的激烈坍缩中诞生了如此数量黑洞的过程。

在 2009 年 4 月 29 日观测到的第二次伽马射线爆发 GRB090429B，其红移距离为 $z=9.4$，所发生时的宇宙年龄仅为 5 亿年，这刚好是黑暗时代结束的时候，当时第一批恒星正开始使整个宇宙离子化。这也是一颗观测到的最为遥远的恒星之

一。毫无疑问，伽马射线爆发是宇宙中最为强烈的宇宙爆炸。

黑洞是什么形状的？

对于一个没有实质表面的星球来说，这个问题毫无意义。我们只能避重就轻来看一下，对于一个外在观察者，黑洞只呈现为球体的视界，而它本身却永远隐藏在这个球体的内部。黑洞与视界相溶，形成完美的圆形。另外，如果一个浑圆的恒星坍缩后产生一个圆滚滚的黑洞也很正常。所以人们也许会问，一个变形的恒星会不会形成一个变形的黑洞？

> **"黑洞无毛"**

这只不过是一个荒唐的问题，但却让 20 世纪 60 年代最出色的理论物理学家们坐立不安，那时他们正重新开始研究恒星的坍缩。以雅科夫·泽尔多维奇为首的俄罗斯学派中的大腕们认为，黑洞丝毫不会保留创造它的恒星所拥有的那些特点。因此产生了众多理论研究，认为由于产生引力波辐射的缘故，除了符合守恒定律的部分如质量、旋转、电荷之外，一颗坍缩的恒星会失去自身的所有性质。在其余的性质消失后，黑洞只有三个性质，即它的质量、旋转和所携带的电荷。我们将难以了解到它原来的恒星面貌。这

> 对于物理学家来说，守恒定律适用于孤立系统中的一些可测量的量（例如电荷），这些量不会随着该系统可能发生的演变而变化。

种观点传到西方之后，便以一种很形象的形式"黑洞无毛"流行起来，这又要归功于约翰·惠勒。

人能钻进黑洞里吗?

接近黑洞的时空真的会变得弯曲吗? 黑洞周围的空间会是平的吗? 而在黑洞附近的时钟会不会变慢，尺子会不会被拉长? 变平的空间和变形的米原器，或者弯曲的空间和平直的米原器，这两种用来描述黑洞边际的方式，意味着极为相同的结果。但并不能通过实验来搞清这两者中哪一种观点符合实际，因此物理学家对此也无能为力。也就是说，对于与我们有着特殊关系的时空中的第四维"时间"而言，更加直接的感觉能提供什么? 钻进黑洞的旅行者又能感觉到什么?

如果这种旅行很吸引你的话，千万别选一个恒星级黑洞! 银河系里有许多这种黑洞，其中距离太阳最近的一个也不太远。如果知道了星系盘的直径（120000 光年），而它又包含着几十万个黑洞，那么就是说平均每 100 光年就存在一个黑洞。在不远的将来，这个距离对于星际旅行者来说，也不再是乌托邦式的幻想。但问题是，这些恒星级的黑洞的临近区域，有一种巨大的潮汐力。

　　假设先是两脚踏入一个恒星级黑洞，越接近黑洞视界，双脚所受到的引力与头部所受到的引力相差就越大。人的身体就会承受极大的拉力直至被拉裂。但是，黑洞质量越大，它产生的潮汐力就越小。因此一个传统航天器就可以毫无风险地靠近一个超大质量黑洞。但是在我们的银河系，只有一个人马座 A*(Sgr A*，质量为 $4 \times 10^6 M_\odot$) 隐藏在银河系中心。不过也别泄气！再过几千年，人类就可以借助星际跳跃的方式，直达星系的中心地带。肯定有大胆的宇航员会朝着人马座 A* 来一次说走就走的旅行。

　　这种探险应该包括由停留在远离人马座 A* 轨道、距离黑洞一亿公里的太空船释放的一个探测仓。在位于主飞船上的宇航员看来，这个探测仓似乎要用无限长的时间到达黑洞视界。然而在这个探测仓中的勇敢的宇航员，在穿过视界时却毫无感觉，只是会与主飞船中断联系。但这种局面很快就会恶化。由于潮汐力的撕裂作用，这个探测仓将在接近中心奇点时四分五裂，演变成一场量子噩梦，此时此刻，时间的概念变得毫无意义，而空间也不再有任何意义……

第九章
暗物质与暗能量

什么是暗物质？

　　"暗物质"是完全假设出来的一种与构成恒星和人类的原子物质截然不同的物质形式。对于这种物质的认知，我们只知道它是一种性质未知的物质，当然也是由假设的粒子所组成，用来填充由原子物质构成的宇宙模型中显而易见的空隙。

　　一般认为，暗物质只受引力相互作用力（甚至是弱相互作用力）的作用影响，所以暗物质的存在，只是形成很大的质量。它的唯一作用就是吸引住任何要逃逸的东西，就像地球会把你扔到空中的石头吸引下来。能够抵御物质的四处扩散，对于一个处于膨胀的宇宙来说，是个很有用的特性。但实际上想要在一个向四方扩散的宇宙中把物质汇聚到一起，这种逆流而上的过程可不那么容易。如果没有暗物质存在，就不会形成星系……

　　习惯上把这种物质错误地称为"暗"物质，尽管它只是被认为是一种附属成分，虽然数量庞大，但它与我们的纯原子物质世界紧密相关，它唯一的作用就是保证宇宙中大型结构的凝聚性。由于暗物质不受各种光的起源电磁相互作用力的影响，所以用"不可见"来形容它则更为合理。暗物质进入研究领域还不到30

年，已经成为天体物理学、甚至所有物理学学科中亟待解决的课题……

🔍 是谁"发明"了暗物质？

最早提出暗物质的问题，无疑要归功于瑞士天文学家弗里茨·兹威基（Fritz Zwicky）。1933 年，兹威基由于对后发星系团的质量感兴趣，而想到使用维里定理，这个定理可以允许在一个存在多个相互作用物体的系统里，由它们的平均速度来推算这个系统的质量。

弗里茨·兹威基

作为 20 世纪天文学领域鲜为人知的天才，弗里茨·兹威基于 1898 年出生在保加利亚的瓦尔纳。1904 年，他的父亲，一位瑞士显富商人，希望年少的弗里兹能前往瑞士完成学业，便把他送到了他在瑞士格拉鲁斯州莫里斯的祖父母那里。弗里兹在苏黎世联邦理工学院完成高等教育之后，便在 1925 年前往当时天文学家的圣地加利福尼亚，在那里开始了他的大部分职业研究生涯，但仍未放弃瑞士公民身份。在受聘于加州理工学院从事固体物理学研究之后，弗里兹选择了天体物理学研究，他很快发现，这个学科已经超越了他所在的时代。作为暗物质和引力透镜的发现者，他经常与沃尔特·巴德合作，并首先解释了超新星是中子星和宇宙射线的起源。弗里茨·兹威基极具远见但又居身自傲，他的声名远未达到他在天体物理学所取得的成就的高度。弗里茨·兹威基于 1974 年在加利福尼亚州的帕萨德纳辞世。

兹威基发现，星系团的质量要比人们按照它们的发光所推算出来的质量大得多。这种推算的原理是，星系所发出的光等于星系中所有恒星发光量的总和。在兹威基的发现之后，天文学家们渐渐相信，星系团中还包含着望远镜难以捕捉到的大量物质，他们便把这种物质称作缺失的物质。由于还没有能够在全部波长范围内对天空进行观测的仪器，无论这种物质是冷是热，他们只能说这种物质主要存在于可见光范围之外，这也是他们那时唯一能进行观测的范围。

20 世纪 70 年代初期，在无线电波段进行观测的天文学家们注意到，在涡旋星系的星系盘中扩散的氢气云，以一种基本上同一的速度在移动，即使那些远离星系盘外缘的氢气云也是如此。根据牛顿的引力定律，这种现象意味着物质的数量并不随着远离这些星系的中心而逐渐减少，这正与恒星所发出的光量相反。

所发生的一切，如同涡旋星系被一个含有大量物质的光晕球所包裹，它一直延伸到恒星盘之外。要证明这个光晕球的存在，还有一个证据，从它们的侧面来看，这些星系盘的稳定性似乎很小。按照它们本身的引力，这些星系盘应该很不稳定，除非它们存在于一个质量更为庞大的光晕球之中。

近 20 年来，越来越多的天文学论证都倾向于这类大质量的光晕球。而最具说服力的迹象则归功于大量的天文学数据。正如第六章所说的那样，在一个星系团背后的遥远星系所发出的光，会受到星系团的引力而发生弯曲。一旦知道了这些星系团透镜的距离，那么借助它们所导致的光线变形的幅度，就可以估计出这些星系团中的质量－光量比。这种比值的平均值要比假设仅有恒星存在的星系的这个数值高出十多倍。

🔍 暗物质是由什么组成的？

暗物质是稳定宇宙中最庞大结构的必要成分，但它仍是一种人们一直猜测的物质。它会不会是一种"普通"物质，只是没能被观测到？半个多世纪以来，天文学家们在所有辐射段对宇宙进行了普查，尤其是借助在大气层以外进行观测的望远镜，因为大气层阻隔了太空传给我们的大部分信息。

人们很快发现，暗物质并不是一种很热的介质，它主要存在于在 X 射线波段，所以可能没有被地面望远镜所察觉。正如 X 射线望远镜的观测结果所证实，星系群的内部确实有一些热气体存在。但是这种气体的含量远远不够。但暗物质也不是很冷的介质；又不可能是夭折的恒星，因为质量不够大，所以不能依靠自身发光；更不可能是黑洞，虽然质量大，但却看不到，数量太少。

所以只能考虑那些与构成我们身边环境的原子物质不同的物质形态。如果搞不清暗物质的性质是什么，那就可以先看一看它不是什么。假如暗物质是由粒子组成的，那么这些粒子肯定是处于稳定态的，否则暗物质就会消失。而且这些粒子还应该是对电磁相互作用毫无反应，否则暗物质就不会是不可见的。同理，暗物质也不会受制于强相互作用力，否则这些粒子就会相互结合，使得原子核超重。能与这些粒子发生关系的力非常少，比较明显的是引力相互作用，或许有可能的则是弱相互作用力。

为了更好地了解宇宙的演变，在第七章介绍过，这些可能存在的粒子质量庞大而又极不活跃，否则原初宇宙的剧烈动荡就不会如此澎湃，从而形成原星系。于是人们就给这些假设的粒子取了一个美妙的名字：WIMP（大质量弱相互作用粒子，Weakly interacting massive particles）。这些大质量粒子实在毫不起眼，竟然可以穿过最强大的观测仪器，而只留下些许难以察觉的痕迹。

> "人们给这些假设的粒子取了一个美妙的名字：WIMP。"

由 WIMP 所组成的暗物质，由于只受作用于最弱的相互作用力，所以作为宇宙的建筑师，它还不能与原子物质相匹敌。原子物质通过强相互作用力和电磁相互作用力，可以组成千奇百怪的结构，如原子核、有机分子、一颗星际尘埃、甚至一个活人。另外，原子物质还懂得如何利用弱相互作用，用来保证原子核的统一和谐。原子物质最终能够依赖引力相互作用，形成广阔的宇宙结构。暗物质尽管其质量也很庞大，但却是宇宙的穷亲戚，它无法与能够构建宇宙天体并赋予其智慧生物的原子物质相提并论。

什么是 WIMP？

还没有任何已知粒子与暗物质的性质相符。所以只能任由粒子物理学家们大胆想象。他们在 20 世纪提出了反物质的存在，这很快由安德森所发现的正电子——即电子的反粒子所证实。到了 21 世纪，物理学家们又开始研究类似的理论——超对称理论，根据这个理论，任何已知粒子都有一个体积更大的隐身的伙伴。

超对称理论纯粹是毫

超对称 是相互作用与物质之间的一种对称形式，这样一来，玻色子（boson）——即相互作用中的矢量粒子，比如光子——中的每个粒子，都会有一个对称伙伴粒子——费米子（fermion），即与物质结合的那个粒子，如电子，反之亦然。在超对称理论中，这些粒子也被称为超对称伙伴，例如光微子（photino）是光子的超对称伙伴，超电子（selectron）是电子的超对称伙伴。但迄今为止，物理学家们还没有发现任何超对称粒子。

无根据的几何学和数学表述。但它还是能够为我们提出一个很好的大质量弱相互作用粒子候选者——中性微子（neutralino）。这是一种中性的、有质量的，而且很稳定的粒子，它有很多优点，可以成为最好的暗物质粒子。

它的另一个优点是，它就是其本身的超对称伙伴。当两个中性微子相遇时，会相互湮没，并产生一连串更轻的粒子。尤其是有质量的中性微子作为一种合格的大质量弱相互作用粒子（WIMP），也称得上是超对称粒子中最轻的粒子。然而中性微子的湮没只能产生更轻的粒子。它们的相互撞击并不能产生其他超对称粒子，只有我们常见的一些粒子，以及其他诸如正负电子对、伽马射线、中微子等。

🔍 能检测到暗物质粒子吗？

如果整个宇宙都充满中性微子，那么我们就可以在我们周围检测到它们了。遗憾的是，作为大质量弱相互作用粒子（WIMP），中性微子只服从于引力相互作用力和弱相互作用力。根本无法像检测普通的带电粒子那样去检测中性微子。但是因为它们有质量，所以在与一个带电粒子相撞时，例如一个原子核，中性微子所产生的微弱作用力还是能够留下轻微的痕迹。

但这种轻微的痕迹为什么还没有被发现？我们先来看一种传统的带电粒子检测仪器和一块半导体晶体。在其内部，并不缺少原子，但还要能够从检测仪收集到的多种噪声信号中分辨出被中性微子挤压的原子核所发出的信号才行。

这些噪声信号的主要来源之一，是由来自高空的宇宙射线发出的粒子流对检测仪器所进行的轰击。为了避免这些射线流，就要把检测器安装在岩石山峰的下面，比如安置在利用开挖大型公路隧道的机会凿出的某个地下实验室里。

另一个主要的噪声来源，是来自组成探测器本身的粒子的热噪声。若要防备这种干扰，就要尽可能地把探测器的温度降到最低。还有一点，不要忘记在地下挖掘

中性微子 (neutralino)

是中性的基本玻色子的超对称伙伴的混合粒子。这里面实际上混杂着光子的超对称伙伴粒子光微子（photino），一种弱相互作用矢量玻色子中间玻色子（Z^0）的超对称伙伴粒子 Z 微子（zino），以及中间希格斯玻色子的两个超对称伙伴粒子希格斯微子（higgsino）。

的实验室所处位置的岩石产生的天然辐射。在探测器外面包裹上一层良好的铅防护层，就可以有效地保护探测器免受这种有害噪声源的干扰。有些实验者还使用了罗马帝国时代提炼的铅！因为这样的铅里面的放射性杂质早就衰亡了，这种古罗马时代的铅材料可以成为完美的防护层，不会再造成其他损害。

寻找中性微子的进展如何？

一旦我们拥有在最大程度上控制所有噪声源的检测仪器，接下来就可以去证实一些相互作用力可能存在的印记，正是这些相互作用才能揭示唯一的暗物质粒子的存在。最为简单的办法，就

是找出夏季和冬季不同时间段所记录的数据之间的变化。因为在环绕太阳运行时，地球会在笼罩着银河系的暗物质光晕中间穿行，因此地球会遭受大质量弱相互作用粒子 WIMP 风暴的吹拂。由于地球轨道在这个光晕中的相对位置不同，粒子风在 6 月与 12 月之间有大约 10% 的差异。但是，对暗物质的检测率，首先取决于大质量弱相互作用粒子的相对速度。如果能够大量记录到大质量弱相互作用粒子所诱发的相互作用，那么检测器的计数率应显示出全年的调节变化。

自从 1996 年开始的暗物质实验（DAMA，DArk MAtter）所获得的数据，已经证实了这种调节变化，这个实验是在意大利罗马东部、阿布鲁佐大区的格兰萨索高原之下开挖公路隧道时建设的一个地下实验室进行的。由于这个结果与其他地下实验所获得的测量数据不相吻合，所以科学界对 DAMA 暗物质实验的结论报以某种怀疑。

中性微子作为它自己的超对称伙伴粒子，它们在宇宙中大量聚集的区域会有利于其相互湮没，从而可能会产生高能量的伽马射线。所以天体物理学家们开始在高能量的伽马射线谱段对天空进行扫描，以设法发现预示着可能存在的聚集中性微子的伽马射电源。自从 2000 年初，已经通过安装在纳米比亚高原上的高能立体望远镜系统（HESS，High Energy Stereoscopic System），开始进行这种对中性微子的间接跟踪。HESS 望远镜首先对银河系中央区域进行了观测，专家们认为，那里隐藏的超大质量黑洞会汇聚大量暗物质，这些暗物质形成了包裹银河系的巨星光晕。

HESS 望远镜的最初观测显示了一个与银河系中心巧合的高能量光子源。不过，这还不能证明这个放射源产生自中微子的湮没。实际上还有很多种恒星可以产生类似的辐射，例如那些超新星残余，由于银河系中心存在大量的大质量恒星，所以这个区域会有很多超新星残余。

一旦欧洲核子研究中心（CERN，Centre Européen pour la Recherche Nucléaire）的物理学家们能够制造出大量中微子，或许它的存在就可以完全被证实。这也正是世界上最大的大型强子对撞机（LHC，Large Hadron Collider）的目标之一。LHC 的物理学家们在 2012 年宣布，已经发现了希格斯玻色子，它是粒子物理学标准模型的基石。那么，当 2015 年 LHC 再次全力启动时，最终是否会找到中微子？

位于日内瓦的 CERN 空中鸟瞰图，背景为汝拉山脉。白色大圆圈标出了周长为 27 公里的地下隧道位置，里面安装着大型强子对撞机。白色断续线标出的是法国和瑞士的边界线（© CERN）

暗能量又是什么？

这是一种充满整个空间的活跃力量，它在宇宙中扮演着首位角色，并使宇宙的膨胀加速。根据最新的数据，尤其是欧洲普朗克太空探测器进行观测之后公布的结果，宇宙中各种组成物质的相对分布是这样的：

☆首先是暗能量。它自己就占了宇宙物质总量的约 70%，这个只要再看一下规定质量和能量对等关系的著名质能方程 $E=mc^2$。

☆其次是少得多的暗物质，有质量但不活跃。很明显它被其他物质所超越，只占宇宙总质量的约 1/4。

☆第三是我们称之为原子物质，这是我们目前唯一看得到、搞得懂的物质。这种常见的物质组成了恒星以及围绕它们运转的一切，也包括我们。不过把这类物质称为常见，实在夸大其词了，因为它们只占宇宙质量的很少一部分（不足 5%），而且这还包括了星际气体！

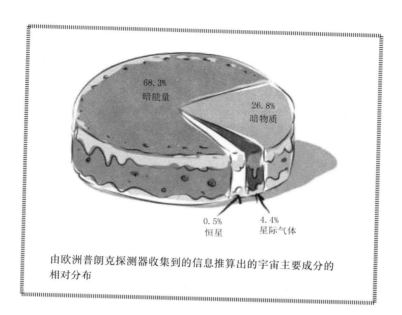

68.3%
暗能量

26.8%
暗物质

0.5%
恒星

4.4%
星际气体

由欧洲普朗克探测器收集到的信息推算出的宇宙主要成分的相对分布

人们是怎样发现暗能量的？

在 20 世纪 90 年代末，两个天体物理学家研究小组，分别发起了对尽可能遥远的超新星爆发的研究，以便测算宇宙的膨胀度如何随着时间延续而变化。其实超新星就是一些极亮的星体，即使位于宇宙最远处还是可以被发现，所以在时间上也是最为古老的。

两个研究小组重点研究了热核超新星。这些超新星猎手认为，那些由相同体积（即钱德拉塞卡体积）的白矮星爆发所生成的绝大多数热核超新星，应该都显示出相同的绝对亮度。因为一颗已知星体的视亮度随着它的距离的平方而减小，所以只要测量出一颗热核超新星的视亮度，就可以估算出它所处位置的距离。

新星与热核超新星

如果双星中的其中一颗是白矮星，当条件具备时，这颗白矮星会捕获其伴星的外层物质。如此吸积的物质在坠落到白矮星表面时，会发热并且收缩，直至引发爆炸式的热核反应。当这种反应只影响到白矮星的外围部分时，就会以每秒几百甚至几千公里的速度喷射出一部分物质 (10^{-5} M$_\odot$)。这些被喷射出去的物质温度极高，而且在喷发的同时亮度还会突然间猛烈增强，这便会让人想到出现了一颗新的恒星，这就是新星名称的由来。当一颗白矮星的质量接近钱德拉塞卡质量极限 (1.44 M$_\odot$)，相同的吸积机制就会导致一场全面的热核反应，从而引发恒星爆发，并致使这颗恒星的物质以极高的速度喷射出去（每秒两万多公里）。像新星的情形一样，喷射出去的物质温度极高，喷出的物质量也更多，亮度增加也更强烈，这说明它成为一颗超新星。

但是，星体在宇宙中的位置距离我们越远，它所发出的光受到红移效果的影响就会越大，这个我们已经在第七章中讲过。这种波长增长的现象，只不过是爱因斯坦的广义相对论的原理，这一点与离我们遥远的星体都同样受到关注。

假设我们已经知道了热核超新星的绝对亮度，再测量出它的视亮度，我们就可以知道它的距离了。在测量了我们接收到它发出的光所发生的红移之后，就可以确定在那场爆发之后，宇宙膨胀了多少。通过对处于不同区域的大量热核超新星的研究，我们就可以重塑宇宙的历史和它的膨胀过程。

而这正是我们那两个超新星研究小组所肩负的任务。他们相信，如果宇宙的膨胀速度减缓，那么超新星的亮度要比红移所提示的亮度还要亮。在把 100 多个样本

> "通过对大量热核超新星的研究，我们就可以重塑宇宙的历史。"

的研究结果整理之后，两个小组的天体物理学家们大吃一惊，他们看到，与预计的相反，发生严重红移的超新星显现的亮度，比所预计的宇宙膨胀变缓的亮度更弱，这说明它们更为遥远。

两个研究小组就这样发现了宇宙的膨胀在加速。所以，必须假定在宇宙中存在一种能与引力相抗衡的物质，而引力正是抑制宇宙膨胀的原因。这种神秘的作用力就被称为"暗能量"，用以更好地形容它的真实性质的隐秘性。这样的发现确实可以荣获诺贝尔奖了！于是瑞典皇家学院的贤哲们争着抢着把 2011 年的物理学奖颁给了美国人萨尔·波尔马特（Saul Perlmutter）和亚当·里斯（Adam Riess）、美裔澳大利亚人布莱恩·施密特（Brian P. Schmidt），他们正是观测遥远超新星的那两个宇宙学家小组的负责人。

而在微波谱段对深空宇宙所进行的观测，又提供了另一份研究结果。实际上，普朗克探测器所进行的观测已经证实，在极大尺度上，宇宙是平的。三角形的三个角之和等于 180 度，但对于一个像球面的弯曲宇宙则不是这样。然而宇宙中并没有足够的物质——常见的物质和暗物质——能够形成那样的几何形状。所以宇宙中需要大量的暗能量。接下来就期待物理学家和天体物理学家们尽力为我们揭示暗能量的真实特性吧……

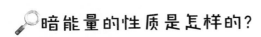 暗能量的性质是怎样的？

除了在宇宙中扮演的加速膨胀的角色以外，我们对暗能量毫（或几乎）无所知。如何认清它的本质，已成为 21 世纪初物理学家和天体物理学家们所面临的新挑战。

在前几页里面，我们已经看到暗物质是如何通过对原子物质产生些许作用，来显露出几丝真面目的迹象，这也是唯一能够被察觉到的。而暗能量则更加难以捕捉，它所能泄露的能被感知的行迹少之又少。我们对它唯一所知的，就是它能够加快宇宙的膨胀速度，它肯定充满了空间，包括真空。因此，有些人已经把暗能量和爱因斯坦引入他的方程式中的著名的宇宙常数等同起来。

宇宙常数

　　1917 年，爱因斯坦在他的引力理论框架内建立了自己的宇宙模型。那时宇宙膨胀还没有被提出。为了让充满物质的宇宙保持静态，爱因斯坦就在方程式中引入了一个特定的因子，即宇宙常数。它的作用等于在宇宙中充满一种反能量，用以抗衡引力，从而保持宇宙的平衡。到了 20 世纪 30 年代初，由于发现宇宙是膨胀的，这让宇宙常数变得多余了。在与乔治·伽莫夫的一次探讨中，爱因斯坦把引入这个常数形容为他一生中最大的失误。数十年之后，粒子物理学家们认为，真空空间应该充满着一种性质与宇宙常数相当的能量形式。在这些热衷于量子力学的物理学家们看来，真空应该是一个充满了忽隐忽现的虚拟粒子的水池。但当他们想要测量这个真空的能量时，理论家们只能得到一些过度的数值。如果暗能量也是这样的话，那么宇宙早就已经分崩瓦解，根本等不到生成恒星与星系。所以确实存在着真空能量，如今这已经成为对暗能量的自然解释。但是如何来理解这样一种或许很小却又非零的物理参数，已经成为当代最出色的物理学家们面对的重大挑战之一。

　　另外一些人则试图把暗能量解释为充满整个空间的一种动态流体，但它对宇宙膨胀产生的影响则与其他任何形态的物质都相反。有些物理学家们还称之为古希腊哲学家所提出的第五元素。但是如果真是第五元素，也没人

"但是如果真是第五元素，也没人知道它的外貌，它又与什么发生作用，甚至它存在的原因。"

知道它的外貌，它又与什么发生作用，甚至它存在的原因。唯一可以肯定的是，与宇宙常数相反，第五元素应该是一种随着时间和空间变化的活跃物质。

暗能量是否决定着宇宙的命运？

如果膨胀加速一直继续下去，那么在本超星系团之外的所有看似远离我们而去的星系，它们的移动速度就会超过光速。那样的话，就违反了爱因斯坦关于光速是有质量的粒子所能接近的最大极限的理论。所以，假如宇宙的膨胀越来越快，那就不只是星系在空间里加速移动了，而是空间本身携带着所有的星系，以一种越来越快的方式一直延伸开去。

加速膨胀的最突出的后果，就是那些远离我们而去的星系，它们所发的光要想传到我们这里，所需要的时间会比宇宙的年龄还长。换句话说，这些星系会先后穿过宇宙的边界。在一万亿年之后，总会有那么一天，天文学家们在望远镜面前将无计可施，因为天空会成为一片空白（而且黑暗），除了构成本超星系团的星系，因为持续加速的膨胀还不会影响到这个星系团。

甚至还有其他更夸张的预言，会让人们隐约地看到宇宙噩梦般的未来。一些专家认为，暗能量最终将撕碎所有与引力相关的结构，包括星系以及行星系统。从长远来看，暗物质的作用可能会超过自然界里所有其他的力，包括电磁力和核力。原子和原子核也会被撕裂，从而导致宇宙的终结。这将是大撕裂（Big Rip），也就是一些理论学家为我们预言的将近 200 亿年之后的未来，但也不算太远。

　　另有一些物理学家认为，暗物质最终会随着时间而消散，甚至转变成一种吸引力。那样的话，引力就会再占上风，把宇宙推向最终崩溃，即大坍缩（Big Crunch），一个与大爆炸完全相反的过程。虽然还没有任何观测结果能证实这种说法，但还是要加强观测和理论研究，从而预测暗能量掌控下的宇宙可能出现的终极命运。可能出现的结局一个比一个悲惨，又在宇宙压在我们头顶的无数危险中增加了一份危机，我们将在下一章里讨论这些问题。

假如暗物质和暗能量仅仅是假设？

　　暗物质和暗能量没有多少共同之处，尽管它们都只是在爱因斯坦的引力理论框架中得到证实。如果改变了后者，宇宙膨胀就会受到影响，而且星系和星系团中的物质行为方式也会发生改变。我们可以或多或少地改动一下引力理论，以设法抹掉有利于暗物质和暗能量存在的证据。但是要注意，对这个理论最微小的改动也会产生负面影响，从而出现不良后果。现在已经出现各种不同的理论，但似乎都不能令人满意。

第十章
宇宙的重重危险

怪异的天空袭击

　　宇宙中无论是恒星之间还是星系之间，都充满着电磁辐射，包括从射电波到伽马射线这些射线。德布罗意亲王（Prince de Broglie）最喜欢的波－粒结合理论，可以让我们把这些波看做粒子，即光子。但是还有其他的高能粒子穿越空间。这些粒子有的质量较大，例如中子和铁核；有一些却很轻，例如电子和中微子。这些粒子都会让地球饱受打击。这些来源仍然不明的"宇宙射线"的强度随着它们的能量增加而降低。实质上这是一些相对论性的质子，其中有些携带着相当高的能量，甚至比地球上最强大的粒子加速器中旋转的质子的能量还高出许多。

　　宇宙射线在穿越地球的高空大气层时，会与空气中的氧或臭氧原子核发生相互作用。这样会产生大量次级粒子坠落，在某些情况下，这些粒子会坠落到地球表面，甚至进入到土壤深处。在法国物理学家皮埃尔·俄歇（Pierre Auger）于1938年底发现这些粒子之后，这些坠落的次级粒子被称为大气簇射。在受到一系列的相互作用和碰撞之后，这些簇射中的粒子就会离开初级宇宙射线的轨道，形成一些粒子"饼团"，并以接近光速的速度向四处蔓延。

宇宙射线是怎样被发现的？

　　由于粒子携带着能量，所以这些大气簇射中的粒子都有很强的电离能力，由于这个特性，人们便很快发现了它们。在"美好时代"（Belle époque，即欧洲19世纪末至第一次世界大战前），人们是通过使用验电器发现游离粒子的。当时，物理学家们惊奇地发现，即使把验电器小心地安置在防止光照作用的密闭柜子里面，验电器还是会自发放电。于是他们很正常地认为，地面发出一种电离辐射，这也许与法国物理学家亨利·贝克勒尔（Henri Becquerel）的发现有相同的性质。

　　1909年，一位德国教士特奥多尔·沃尔夫（Theodor Wulf）试图说明这种神秘的电离辐射的根源在于大地，他携带一台自己制作的非常稳定的验电器，登上了埃菲尔铁塔之巅。他这样在距地面300米的地方测量的电离率，要比所预计的还高，这意味着电离效应是源自大地的辐射。

奥地利物理学家维克多·赫斯（Victor Hess）认为，要想找到这个谜的谜底，必须要在上升的气球里反复进行试验。从1911年至1913年，赫斯携带了像沃尔夫制作的那种验电器作为科学设备，不止十次登上气球进行试验，但他对设备进行了改进，以抵御高空中的大气压力下降和温度骤跌。在对首次远离地面的物理实验进行总结时，赫斯宣称："对我的实验结果的唯一解释，就是要承认存在一种未知的穿透力极强的射线，它主要来源于高空，很有可能是来自地球之外。"

这种来自太空的游离辐射，在第一次世界大战之后变得风行一时，引起了世界上最出色的科学家们的关注。这其中有1923年诺贝尔物理学奖获得者、当时美国最伟大的物理学家罗伯特·密立根（Robert Millikan）。他相信，这种地球之外的神秘射线在接近高空大气层之前，是由高能伽马射线组成的。密立根在1925年提出的不甚准确的名称宇宙射线就是证明，而后来终被认可。

在太空时代初期，在轨道上的粒子探测器被用于原始宇宙射线的实地研究。由于有了地面观测网的帮助，对广延簇射的研究充实了对数量不足、卫星难以检测到的初级高能粒子的认识。但是，仍然存在着大量谜团，首先就是这些宇宙射线的来源，尽管现在都承认超新星爆发扮演了重要角色，就像弗里茨·兹威基（Fritz Zwicky）在20世纪30年代所说的那样。根据在美国定居的意大利物理学家恩里科·费米（Enrico Fermi）所进行的研究，天体物理学家们认为，其实由超新星爆发所产生的强

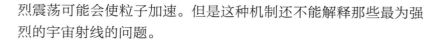

烈震荡可能会使粒子加速。但是这种机制还不能解释那些最为强烈的宇宙射线的问题。

　　为了定位宇宙射线从何处获得如此巨大的能量，天体物理学家们又建立了一个新的天文学分支，即伽马射线天文学。在宇宙射线走过的漫长的星际旅程中，就产生过大量的伽马射线流，对此进行的研究可以让天体物理学家们追寻宇宙射线的路径，直至找到它们的发源地。有一个小问题，伽马光子会被高空大气层所阻拦，只有部分能量极高的粒子，才会在空气中留下一些可以在地面观测到的踪迹。伽马射线天文学的研究始于 20 世纪 60 年代末，并使用了安装在宇宙飞船上的探测器。对散布于富含宇宙射线的银河系中的射电源的追踪，进展很顺利，尤其是那些地面上的高能伽马射线观测站，例如高能立体望远镜系统（HESS，High Energy Stereoscopic System），它是对太空观测的一种补充。

　　最后的问题就是超高能宇宙射线。一些天体物理学家们认为，这些射线源自伽马射线爆发（又称伽马射线暴），这是宇宙中最为强烈的爆发。但是物理学家们又认为，伽马射线爆发会导致未知粒子的蜕变。为了收集关于这种超高能宇宙射线的更多信息，世界各国开始合作，建立了皮埃尔·俄歇（Pierre Auger）天文台，这是为了纪念这位广延大气簇射的发现者。这个天文台自 2008 年年底落成以来，应该检测到了足够的超高能宇宙射线，从而确定其源头。已经收集到的样本证实，能量最强的宇宙射线来自于本地宇宙中星系最为密集的区域。

皮埃尔·俄歇（Pierre Auger）天文台的 1660 座地面观测站之一。
这个天文台位于阿根廷门多萨省的一处 3000 平方公里的南美草原，背
靠安第斯山脉。带电粒子穿过装满超纯水的水箱时因发出蓝光而被发现
（© Corinne Bréat）

有必要惧怕宇宙射线吗？

和其他游离辐射一样，宇宙射线在进入生物体内时，也会干
扰细胞内最基本的正常生理过程。如果暴露在游离辐射中，就会
使细胞生命的总指挥 DNA 链遭到破坏。

在法国的海平面，源自宇宙辐射的年辐射量已达到十分之三
毫希沃特（mSv，millisievert）。而我们所受到的源自大自然
的其他游离辐射（主要是来自岩石），每年大约在十分之二至十

分之八希沃特。这种辐射最强烈的地区，是法国布勒塔尼和中央高原的花岗岩地区。这些地区的辐射量已经可以与工业或医疗辐射源的公众辐射剂量极限相比，在法国，这个极限值被定为每年1毫希沃特。

乍看起来，宇宙辐射没那么致命，尽管它也参与了天然放射性现象。但是在远离地球的太空中，源自宇宙辐射的当量每年甚至可以达到数百豪沃希特！为什么会有这么大的差别？这主要是归功于大自然环绕地球编织了一个保护壳。这个保护壳的第一层屏障，就是又低又厚的大气层，它吸收了来自太空的大量游离粒子。第一个忠告：避免长期待在高海拔地区。第一层屏障之后就是地球的磁场，它作为第二层屏障，以它在低纬度展现的最强力度，把宇宙粒子重新送回太空。第二个忠告：避免长期待在斯堪的纳维亚北部地区……

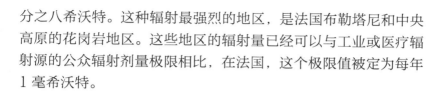

为了评估暴露在游离辐射中所产生的影响，物理学家们发明了一个指标，即"有效当量"，它在国际单位制中的单位是希沃特（sievert，符号为 Sv），它来自瑞典物理学家罗尔夫·希沃特的名字，他是自20世纪30年代起研究游离辐射剂量对人体产生危害的先驱者。

最后，抵御这种天空投来的大量辐射的另一件武器，还包括太阳风。太阳猛烈地吹来的这种等离子流（流量：2106 吨／秒，速度：400公里／秒），可以把宇宙辐射中能量最低的粒子吹走，阻止了这些粒子进入太阳系内部。由于有了这第三层防护，日光层得到保护而免遭低能量宇宙射线的危害，而这种低能量射线是宇宙辐射中最为有害的成分。

因此，我们较近的宇宙环境，决定了我们每天所受到的游离辐射当量，对此我们实在无计可施。只要我们的防护机制稍微减弱一些，地球上的天然放射性水平就会超过国家的法定极限，而政府对此也难有作为。

设想一下，只要太阳穿越比较稠密的星际空间，或者遭到一次相对较近的超新星爆发造成的冲击波打击，日光层就会发生萎缩。我们的地球就会遭到最强烈的恶性宇宙射线的冲击，并引起自然放射性明显升高。曾经发生过这种现象：在对南极冰层取出的冰芯进行研究时，专家们注意到，在不同的深度位置，发现了超量的铍-10，它是宇宙辐射在大气层中产生的一种放射性同位素。这意味着在不太久远的过去（10^5年），极为密集的宇宙辐射雨曾经多次降临。

宇宙射线：天使还是魔鬼？

宇宙射线是向地球表面传送放射性的最有效方式。请问医生，这很严重吗？当然不是，因为生物已经在地球上与这种环境辐射相处了上十亿年。而且刚好谈到生物，那么就来看一下生物的进化吧。现在人们知道，生物的进化是一系列过程的结果，再就是英国的博物学家达尔文所推崇的自然选择。

由于游离辐射对突变有很大的影响，所以宇宙辐射在影响生物进化的主要因素中有重要位置。因此，宇宙辐射为细小的蓝藻突变的发生起到了很大作用，这种生物起源于30亿年前的原始海洋，如今已经形成了遍布地球的生物多样性。很显然，由于游离辐射的影响所导致的物种进化，涉及一些细微的积极的和消极的影响。不得不说，地球上得以出现这种精巧的平衡，使得地球上的生物如此兴旺地繁衍起来。

🔍星际旅行很危险吗？

在稠密的大气层之外，宇宙辐射的剂量立即上升到很高的水平。我们已经说过，在超越了大地磁场防线以外的太空里，辐射量要比法国规定的极限剂量高出数百倍。当然，在低轨道运行的太空飞船上，辐射量会很低，因为飞船一方面获得了地球的保护，另一方面还受到了磁屏蔽的保护。

更糟糕的是，除了这种真正的宇宙辐射之外，远离地球的太空旅行者还要小心太阳喷发释放出的电离辐射。太阳喷发发生在日冕区域，那里磁场呈环形结构，并与太阳光球相连。被磁场困住的电子、质子和其他原子核会逐渐在这个环状区域聚集起来。它们的不稳定性便会导致喷发。如同被释放的橡皮筋一样，这个磁场环会将聚集在环内部的粒子以高速喷射出去。于是有害的粒子流就像来自于银河系的宇宙射线带来的粒子流那样，在太阳系里奔流。

宇宙射线和其他太阳粒子而造成的危险，是长途太空旅行中最大阻碍之一。这涉及宇航员最新的奔月任务，而且还有众所周知的火星探险……对于火星旅行，还要考虑到星际旅行的一路上所遭受的所有辐射量，无论是太空辐射的影响还是太阳爆发后的影响。当然还要包括长期停留在一个没有大气和磁场圈的星球上所受辐射的剂量。

粗略的估计认为，勇敢无畏的宇航员在飞向火星的旅途中会遭受到将近一希沃特的辐射剂量。可以肯定，宇航员所遭受的大量辐射，无疑成为推迟前往"红色星球"之旅的主要因素。

> "既然宇宙辐射会对星际旅行构成这样的危险，我们该怎么办？"

既然宇宙辐射会对星际旅行构成这样的危险，我们该怎么办？现成的解决办法，就是在太空船上设计一套能够抵御辐射穿透的防御系统。不过目前的装置都显得太过笨重。可以为宇航员准备一个较小的逃生舱，一旦出现严重的太阳爆发时，宇航员可以蜷缩到里面躲起来。这个掩体可以安置在例如飞船的储水间里。在着陆之后，宇航员可以容易地利用火星表面的风化土，为自己建造一个辐射庇护所，并可以在太阳粒子爆发时躲进去防身。

接下来的问题就是怎样预测太阳爆发，并在太阳爆发喷射的粒子到达时发出警示。目前我们已经拥有类似太空天气预报的雏形。这个预警系统的首要功能是为我们预测将会出现的猛烈电离粒子流。在后面的几页，我们可以看到太阳爆发给我们带来的损害。当征服火星被提到议事日程之后，就当然应该为前往"红色星球"的宇航员提供太空天气预报服务。

天会塌下来吗？

2004 年 6 月，美国天文学家罗伊·塔克（Roy Tucker）和他的研究小组发现了一颗小型近地小行星（宽度为 320 米），它暂时被称为 2004 MN4。这个默默无闻的小行星却在当年的 12 月份声名大噪。实际上，最初美国宇航局（NASA）的预警系统（Sentry）就曾估计，它可能会在 2029 年 4 月 13 日星期五与地球相撞（概率为 3%）！鉴于 2004 MN4 的质量（2×10^7 吨），它发生的冲撞会造成波及整个大洲的灾难，如果撞击发生在海上，则会引发巨大的海啸。

2005 年，它的轨道参数得到精确计算，这颗迷人的火流星又获得了最终的代号 99942，并拥有了一个名字。它被命名为毁神星（阿波菲斯 Apophis），埃及神话中的战乱之神。尽管这个命名与天文学偏好以希腊神话的神来命名的传统不甚相符，但是它的发现者都是电视剧"星际之门"（Stargate）的粉丝，阿波菲斯在这部剧里就是一个决意摧毁地球的角色人名。

像所有的近地小行星一样，毁神星的运行轨道也非常接近地球轨道，并会在时间为 323 天的公转周期里与地球轨道相交 2 次。因此，在 2013 年 1 月 9 日夜到 10 日，毁神星距离我们地球并不遥远（1.4×10^7 公里，为地月距离的 40 倍）。天文学家们利用这次机会，对这个火流星将于 2029 年 4 月 13 日或者 2036 年 4 月 13 日再次更加接近地球时可能发生的撞击危险进行了新的计算。这些预测数据并不十分准确，在随后的几年里将会逐步调整，因为太阳系的其他天体的引力还会造成干扰。

现在，我们已经了解了大部分直径大于 1 公里的近地小行星，这可以让我们预测可能发生的撞击灾难。但与小行星相比，彗星才是最大的危险。某一颗从未被观测到的以极度椭圆形轨道运行的大尺寸彗星，很有可能会冲着地球飞过来。在这种情况下，从发现到发生撞击的时间间隔可能只有几星期。

太空天体与我们地球所发生的碰撞并不鲜见，严重撞击所留下的遗迹在提醒着我们。每次发现像毁神星那样的新的危险近地小行星，我们都会看到媒体大肆散布的相同的灾难景象。不管怎样，无论发现了多少近地小行星，发生撞击的概率都是一样的：极大体积的天体发生撞击的概率非常低（例如 6500 万年前地球发生的撞击）；直径几十米的天体发生的撞击概率相当低（能够造成严重的破坏，但很有限，例如第三章所述）；而小型天体所发生的撞击概率则很高，但却不能造成任何破坏。到目前为止，还没有记录到陨石坠落造成的人身死亡。

国际天文学联合会（法文缩写 UAI）成立了一个观测协调工作小组，以确定发生撞击的可能性，并对这种撞击可能导致的后果进行预估。1999 年，国际天文学联合会在都灵举行了有关近地小行星的会议，美国天文学家理查德·宾采尔（Richard Binzel）提出了近地小行星危险指数，它是由近地小行星撞击概率和破坏力整合成的一个数值。这个危险级别，称为都灵危险指数，与衡量地震的里氏震级类似，级别从0级（没有任何撞击概率）到10级（肯定会发生撞击并会造成全球气候灾难）。

以毁神星为例，当初被发现时，它的危险等级为2级（不太可能发生撞击，但它的路径接近地球），随后又被提高到4级（路径较近，撞击概率及区域性破坏概率大于1%），但不久之后，又下调到0级。

如果一个天体（小行星或是彗核）达到都灵等级的8级至10级，我们又该如何？无论陨星撞击到陆地还是海洋，其后果都将是灾难性的。届时，在极短时间内进行上千万人口的转移会很难实施。可以采取的解决办法，就是让近地小行星改变方向，条件是要在相撞日期的几年以前，就必须知道它的运行路径。如果小行星的尺寸不是很大，是否可以使用离子火箭或者太阳帆就可以改变它的运行路线，从而避免与地球相撞呢？不过我们应该放心，话说发生严重撞击的风险还是很低的……尽管总有一天会发生。

🔍 风暴降临之前会出现转机吗？

1859年8月末，地球上发生了一系列极为怪异的事件：在安的列斯群岛竟然看到北极光，人们还以为发生了一场严重的火灾。由于电报线路出现超负荷，致使大量电报发不出去。两天以后，新一轮的极光竟然出现在热带地区。在中美洲，甚至在深夜也可以阅读报纸。此时此刻，北半球的电信线路再次受到一连串故障的影响……

　　英国天文学家理查德·卡林顿（Richard Carrington）在第二波非同寻常的事件开始发生时，正对太阳进行观测，他注意到太阳表面出现了一个十分明亮的现象，并持续了5分钟。卡林顿认为，这一现象无疑与一系列的异常现象有关。今天我们知道，卡林顿观测到的是应称为太阳爆发的现象，在地球上记录到的所有特殊事件，都是由于太阳喷发出的粒子流到达地球后所引发的。但当时的科学技术对进入大气层中的游离粒子所造成的电磁干扰还不十分敏感。所以1859年的太阳喷发所造成的后果还是很有限的。

　　像1859年8月发生的那样严重的太阳爆发，如果发生在我们所处的今天，那就会产生最具破坏性的影响，因为我们的环境已经变得脆弱，经不起太强烈的太阳风暴。电脑会停止工作，记忆存储会被抹掉，卫星也会被关闭或者失控，全球定位系统GPS和飞机导航系统都不能正常工作，无线电通信将中断，电子传输网络会受到严重干扰，在某些地区甚至会出现网络崩溃，游离粒子还会对宇航员和飞机乘客造成威胁……所有这些灾难的代价极大，会高达数百亿欧元。

　　即使美国航空航天局（NASA）和欧洲航天局（ESA）意欲发展太空天气计划，但这些计划仍处于刚刚起步阶段，还不足以让我们脆弱的社会能够抵御太阳的愤怒！我们还是很有运气的，因为这些阵发性的喷发还是相当罕见的，按照各种可能性分析，每千年会发生两次。这种会喷射出大量粒子的喷发，只不过是我们的恒星太阳活动有些激烈的一种表现，而太阳也在保护我们不受更有害的宇宙射线的危害。让我们选择的话，我们宁可希望太阳活动不要减弱……

恒星会对我们构成威胁吗？

　　太阳只不过是一颗比较安静的恒星，如果说太阳仍会造成一些危害的话，那当然是因为我们离它比较近的缘故。而在广袤的宇宙之中，还有无数的更为恶毒的恒星，但是由于我们距离它们很遥远，所以它们再怎么发脾气，我们也毫不担心。毫无疑义的是，恒星造成的最为有害的现象，首当其冲的则是超新星爆发。如果在我们太阳系附近发生了超新星爆发，会导致什么后果？我们已经知道，这样的现象会破坏日光层，直至让我们直接暴露在银河系宇宙射线之中。

　　人们认为，我们的银河系每 30 年会发生一次超新星爆发。我们对银河系附近的恒星已有足够的认识，这样就可以排除某颗恒星会在什么时候发生爆发。距离最近的候选者，例如天蝎座的星宿二，也离我们太远，它可能发生的爆发——作为超新星所发出的难以名状的光芒——也只能供我们在大白天观赏一场漂亮的太空表演。这样的事件是否曾发生在不太久远的过去？要想知道这些，就让我们去天空中寻找一颗较近的中子星吧，它就是因引力坍缩的超新星长期遗留的残余物质，也就是我们在第五章了解过的大质量恒星演变过程的最终阶段。

　　天文学家们在经过漫长的搜寻之后，终于找到了一颗不太遥远（450 光年）的中子星，它的名字是 Geminga（杰敏卡 γ 射线源），是以米兰方言大喊一句 (el) gh´é

> **"（她）不在那儿。"**

minga 的发音拼写的，直译就是"（她）不在那儿"。在 20 世纪 70 年代末，出现了一个神秘的伽马射线源，于是这个词被负责欧洲 COS-B 卫星上的伽马望远镜项目组的米兰天文学家喊了出来。尽管他们花费了巨大努力，但仍未能够用比较传统的望远镜对其进行定位：她似乎就在那里，但又不见踪影。

在经过 20 年的搜寻之后，意大利天体物理学家乔瓦尼·比尼亚米（Giovanni Bignami）最终揭穿了所有的秘密。其实这是一颗快速旋转的中子星，也是一颗脉冲星（旋转周期：0.237秒），它的形成距今不到 40 万年。这颗中子星以特有的运动方式运行，这会让人想到，在它变成超新星的遗骸之前，那颗超新星就是在

> 脉冲星（pulsar）是具有极强磁场、以每秒1000转进行自转的中子星。在某些情形下，这种极强的磁场会在这颗星的附近形成一束很窄的强烈辐射，并扫过周围的空间。

杰敏卡 γ 射线源今天位置的 15 度处爆炸的！但距离有多远？这才是难点所在！实际上很难确定杰敏卡是离得更远还是靠得更近，因此也很难知道这颗超新星爆发时距太阳的距离……

而令人信服的距离，应该是小于 100 光年。果真如此的话，距今差不多 40 万年前的天空则曾经被耀眼的光芒所笼罩。这颗超新星应该比天空中最明亮的恒星天狼星（Sirius）还要明亮 5 万倍！那时还处于旧石器时代，我们的远古祖先还在耐心地踯躅在物种进化的灌木丛林之中。正如我们一直所说的那样，这次可能发生过的近距离爆发，无疑没有影响地球的发展进程，但至少这场来自宇宙的些许之力，或许引起了最终的突变，从而促使智人出现……

而更近的爆发则会导致更加严重的后果。超新星爆发产生的

膨胀外壳仅在爆发后的数百年间就会横扫太阳系。这个仍然年轻而活跃的超新星遗骸的演变过程，也绝非毫无危害：它会发生大量宇宙射线喷射，使高层大气的脆弱平衡出现紊乱。可怜的臭氧层将毫无抵挡之力！ 这还不算那些在爆发的烘炉中遭受严重污染的星际碎片所传播的更有害的放射性坠落物……所以，不能与爆发的恒星离得太近！

🔍 最后的爆发

μ介子（muon）是一种质量介于质子和电子的粒子，尽管它不受制于强相互作用力，但却与质子和电子一样，携带基本电荷，但其寿命较短。人们已知存在着两种携带相反电荷的μ介子。

如果我们真要用恒星爆发来恐吓自己，那我们还有更可怕的事件，这就是伽马射线爆发，它是某些大质量恒星核心坍缩而引发的大量物质喷发。假设按照星系的尺度（少于10000光年），在距离太阳不远处发生一次伽马射线爆发，再假设它所引发的两束射线流中的一束的路径直冲太阳系而来，那么我们的地球就会遭受到与数百万颗广岛原子弹相当的能量！

如此巨大的能量沉积会摧毁臭氧层，并产生毁灭性的冲击波，直接冲入大气层深处，全面引发火焰燃烧，导致发生猛烈的风暴。但是，只要喷射流包含了携带强大能量的大量伽马射线，就意味着已经发生了最糟的事情。当这些粒子与高空大气层相互作用后，会产生致命剂量的强穿透性 μ 介子，它会摧毁地面、地下以至海洋中的生物。

我们的银河系是否存在着一颗这样的恒星，会以产生伽马射线爆发而终结？那是当然的。有些天体物理学家认为，距离我们很近的（7500 光年）船底座的海山二星（Eta Carinae），就是我们银河系质量最大的恒星之一（质量：100M$_⊙$）。这颗星似乎已经准备好

> "我们的银河系是否存在着一颗这样的恒星，会以产生伽马射线爆发而终结？"

在短期内——当然是按照宇宙时间的尺度——结束演变过程，并产生伽马射线爆发。世界末日要降临了吗？当强烈的伽马射线流穿越我们与这颗死亡恒星之间的距离之后，那两股喷射流之一便会朝着地球方向喷过来。不过，从最为精确的观测来看，还不至于这样……我们会逃过一劫吗？但我们也别高兴得太快！在银河系的什么地方，肯定会存在至今还未被发现的另外一个伽马射线爆发的候选者。

🔍 真的有小绿人吗？

对于某些天体物理学家来说，宇宙其他地方不存在生命是不可能的，美国天文学家弗兰克·德拉克（Frank Drake）就用一个公式来表达这个观点，用来估算搜寻地外生命计划（SETI, Search for Extra-Terrestrial Intelligence）的概率，也就

是搜寻可能存在的地外生命发出的无线电信号。

德拉克也的确为他的公式提供了一个答案。他得到了一个总和，银河系中约有 1 万种可能与之建立联系的文明。不过，曾经在 1961 年主持第一次 SETI 会议的德拉克，给他的公式提出答案时，肯定使用了似乎对他的论文最为有利的数值。

早于德拉克十多年前，恩里科·费米在与几位好友探讨地外生命的可能性时就已经明白，对于各种所涉及的参数，如果采用那些最为合乎情理的数值来看，我们的银河系所存在的文明数量之多，本该已经被我们所发现了。所以费米问道："如果存在地外生命，那他们在哪儿？他们本该早就在那儿！"

德拉克（Drake）公式是这样表述的：

$$N=R^* \, n_e \, f_p \, f_l \, f_i \, f_c \, L$$

其中，N 代表我们的银河系中可以与之进行某种方式交流的文明数量，R^* 是银河系中每年恒星形成率，f_p 是拥有行星的恒星所占数量，n_e 是每颗恒星所拥有的位于宜居区域并适于生命存在的行星的平均数量，f_l 是这些行星中已发展出生命的行星数量，f_i 是已出现智慧生命的行星数量，f_c 是能够发展出可以使用无线电波技术的文明数量，L 是这样的文明生物的平均寿命。

数十年以来，费米所提出的问题，已经成为人所共知的"费米悖论"，令科学界骚动不已：确实存在着地外生物吗？相信其他星球有生命的人和认为只有地球存在生命的人，他们之间的争论，恐怕只有当第一个外来生物到达时才会有个了断，不管这个外来生物是长满触须、身披鳞甲的小绿人，还是长着四只脚、额头长一只独眼的红色怪物……而与之相反的假设，即我们是宇宙中独一无二的生物，却永远不能得以证明，就像古老的格言所说，找不到证据并不是不存在的佐证。

支持德拉克假设的天体物理学家们坚信存在着某种地外生命形式，而大部分生物学家则持相反观点，认为不可能存在地外生命，因为促使地球上出现生命的各种条件，绝不会在其他星球上重现。

地球外生物进行的"帕里斯的裁决"。

而对于那些"来访者"可能带给地球尤其是地球人的危险，这已经成为科幻小说的主题，我们倒是希望，这些来自另一个世界的使者，既然有着技术能力到达我们的星球，他们也应该能够以和平的方式表达他们的想法……总而言之，也许我们才是宇宙的危险之源，如我们一旦拥有了反物质星际飞船，那么到了21世纪，也许我们就会在距离太阳最近的宜居星球上建立殖民地。逐渐地，我们就会在不乏可移居系外行星的银河系里任意驰骋。我们已经准备好与其他生物和平共处了吗？

人名索引

名词索引